U0902820

国家中等职业教育改革发展示范学校建设项目成果系列教材
国家级高技能人才培训基地建设项目成果

动态网页制作（PHP）

欧阳林　张余别　主编
陈伟杰　黄　炜　赖丽敏　副主编
陈振晖　主审

科 学 出 版 社
北 京

内 容 简 介

本书以图书管理系统开发为主线，模拟企业真实项目开发流程设计 10 个工作任务，详细讲解 PHP 语言在实践项目中的综合应用。这些任务从项目开始组建团队到项目验收，一直贯穿项目开发各个环节。任务一：组建项目团队；任务二：图书管理系统需求分析；任务三：图书管理系统开发环境搭建；任务四：图书管理系统数据库设计与实现；任务五：数据库访问层设计与实现；任务六：管理员模块设计与实现；任务七：图书档案管理模块设计与实现；任务八：图书管理系统首页设计与实现；任务九：图书借还模块设计与实现；任务十：图书管理系统测试与验收。在具体讲解每个任务时，都遵循项目的进度来讲解，内容循序渐进，并尽量用生动活泼的语言描述枯燥的专业知识，引领读者掌握 PHP 项目开发。

本书可以作为中等职业院校计算机类各专业的教材和参考书，也可以作为从事软件开发的技术人员和项目管理人员的参考书。

图书在版编目（CIP）数据

动态网页制作（PHP）/欧阳林，张余别主编. —北京：科学出版社，2015
（国家中等职业教育改革发展示范学校建设项目成果系列教材·国家级高技能人才培训基地建设项目成果）
ISBN 978-7-03-043990-1

Ⅰ. ①动… Ⅱ. ①欧…②张… Ⅲ. ①网页制作工具－程序设计－中等专业学校－教材②PHP 语言－程序设计－中等专业学校－教材 Ⅳ. ①TP393.092②TP312

中国版本图书馆 CIP 数据核字（2015）第 062602 号

责任编辑：吕建忠 王君博 陈砺川/责任校对：王万红
责任印制：吕春珉/封面设计：一克米工作室

科学出版社 出版
北京东黄城根北街 16 号
邮政编码：100717
http://www.sciencep.com

北京虎彩文化传播有限公司 印刷

科学出版社发行 各地新华书店经销
*
2015 年 3 月第 一 版 开本：787×1092 1/16
2020 年 1 月第四次印刷 印张：11 1/2
字数：250 000

定价：28.00 元

（如有印装质量问题，我社负责调换〈虎彩〉）
销售部电话 010-62136230 编辑部电话 010-62138978-2008

国家中等职业教育改革发展示范学校建设项目成果系列教材
国家级高技能人才培训基地建设项目成果

前　　言

Apache+MySQL+PHP 组合以其开源性和跨平台性而著称，被誉为 Web 开发的黄金组合。

编者计划编写一本基于项目开发的《动态网页制作（PHP）》教材已有几个年头，几年来，每当编者给学生讲授“动态网页制作（PHP）”这门课程时，为如何呈现企业真实项目开发流程而忧虑。计算机科学发展速度迅猛，软硬件更新相当快，但教材内容却与学科发展的距离越来越大，学生按照传统教材的内容进行学习，确实可以学到 PHP 的语法知识，但是在工作当中的应用却相差甚远。为了弥补这个差距，一些教材也相应增加了部分章节，但依然缺乏统筹兼顾和紧密结合工作的过程，教材的体系并没有得到根本性的改革和突破。

考虑到这种现状，我们计划以工学结合的特点编写一本《动态网站开发（PHP）》教材。在规划教材结构和内容时，我们注重三个方面。第一，注重反映动态网站开发领域的新理论、新方法和新技术；第二，注重学科体系的完整性，本书试图从对动态网站开发的认知、动态网站开发的实践等方面介绍动态网站开发的各项知识技能；第三，注重基于工作过程，即以图书管理系统项目开发为主线，贯彻始终，让读者能够体会到动态网站项目开发中的各个过程。

本书的特色是以团队的形式一起来学习本书，而不再是你一个人独自面对满书的知识。

图书管理系统项目开发任务安排

任务序号	详细任务	建议学时
任务一　组建项目团队	子任务一　组建团队	4
	子任务二　实践项目管理	4
	子任务三　使用 Microsoft Project 工具建立项目管理	8
任务二　图书管理系统需求分析	子任务一　进行图书管理系统需求调研	8
	子任务二　编写用户需求说明书	4
任务三　图书管理系统开发环境搭建	子任务一　对比静态网站和动态网站优劣势	4
	子任务二　搭建动态网站运行环境	8
任务四　图书管理系统数据库设计与实现	子任务一　设计图书管理系统数据库	8
	子任务二　实现图书管理系统数据库	8
	子任务三　使用 SQL 命令操作图书管理系统数据库	8
任务五　数据库访问层设计与实现	子任务一　打好 PHP 语言的基本功	24
	子任务二　Smarty 模板让“美女与野兽”分离	8
	子任务三　采用 MVC 设计模式建立工程文件	8
	子任务四　实现图书管理系统底层框架	12

续表

任务序号	详细任务	建议学时
任务六　管理员模块设计与实现	子任务一　设计和实现超级管理员登录模块	8
	子任务二　设计和开发读者功能模块	8
	子任务三　设计和开发图书类别管理模块	16
	子任务四　设计和开发图书语言模块	12
任务七　图书档案管理模块设计与实现	子任务一　设计和实现图书管理模块功能	24
	子任务二　设计和开发借阅管理	20
任务八　图书管理系统首页设计与实现	子任务一　设计图书管理系统首页	12
	子任务二　实现图书管理系统首页	32
任务九　图书借还模块设计与实现	子任务一　设计图书借还模块	12
	子任务二　实现图书借还模块	32
	子任务三　设计与实现图书续借模块	12
	子任务四　设计与实现图书还书模块	12
任务十　图书管理系统测试与验收	子任务一　图书管理系统测试	24
	子任务二　图书管理系统部署	12
	子任务三　图书管理系统验收	8

本书从任务一到任务五是团队所有人一起学习，共同完成，建议 116 学时；任务六到任务十是分工学习、分工完成的，一共 244 学时，教师在授课时，需要分组学习。例如任务六分配给小组开发人员，则可以给出学员整个项目，删除任务六，让学员在线联调。其他任务也以同样方式教学，这样有利于团队合作与学习。

本书主编为欧阳林和张余别，副主编为陈伟杰、黄炜、赖丽敏。参加本书编写的主要人员有吴成锦、王冬林、黄伟梅、王健宏、邢华等。陈振晖作为主审，详细审阅了全稿，并提出了许多宝贵意见。该课程建设的企业导师王健宏，全程参与教材编写与评审。

由于编者水平有限，书中不足之处在所难免，恳请读者来邮指正。编者的电子邮箱是：cooky_tree_0104@aliyun.com。

编　者

2015 年 1 月

目　　录

任务一
组建项目团队

引言：

在这个世界上，任何一个人的力量都是渺小的，只有融入团队，只有与团队一起为共同的目标奋斗，才可以实现个人价值最大化。做软件开发也是一样，需要有成员的分工，有合理的分配才能共同完成复杂的任务。因此，本书的第一个任务是组建图书管理系统的项目团队。

学习目标

1）完成团队组建。
2）了解项目管理。
3）掌握 Microsoft Project 工具的使用。

子任务一 组 建 团 队

1. 定义项目组织结构

清晰的组织结构、清晰的人员分工有利于每一个人在自己岗位上承担相应的责任，所以在项目初期，组织结构定义非常重要，项目的分工与追踪可参看图 1-1 所示。

2. 选拔项目经理

项目经理属于项目组的灵魂人物，是项目完成与否的核心人物。因此，在学生当中选拔项目经理要求具备以下素质。

1）善于学习。虽然项目经理是一个项目的核心人物，但他所具备的知识不一定比项目组的每个人都强，因此项目经理要善于向别人学习并且带领大家一起学习。

2）很好的沟通与表达能力以及较强的人际关系。

3）要具备管理的基本技能与知识。

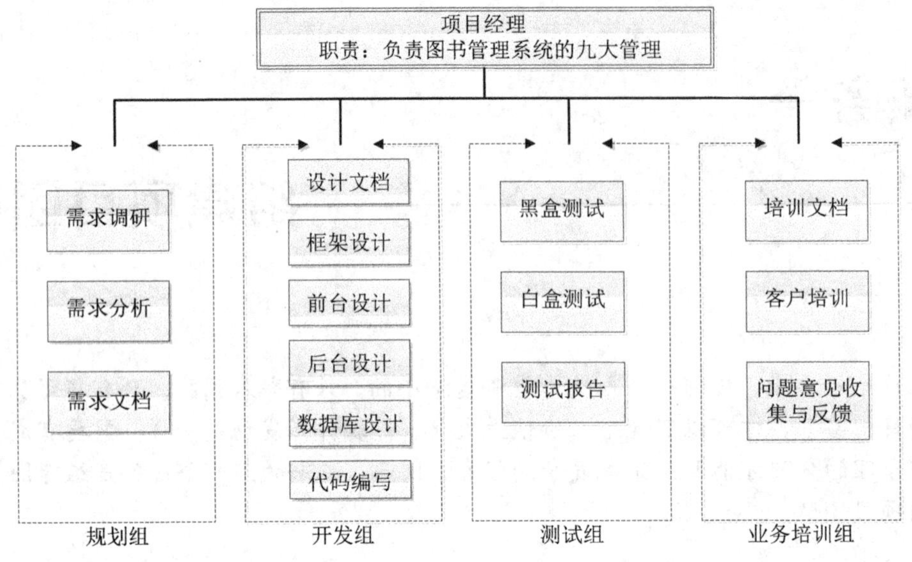

图 1-1　组织分工

3. 项目经理选拔成员

1）项目经理根据项目范围和组织结构，识别项目的资源需求，定义好项目组所需人数。

2）要注意项目团队的合理搭配，项目经理没有必要要求团队中的所有成员都具备很好的技能或者成绩，否则会造成成本和资源浪费。

3）团队成员选拔完毕后到了非常关键的环节，就是塑造团队风格，制定团队的目标，建立团队成员的使命感、自豪感。这对提升战斗力非常关键。

子任务二　实践项目管理

1. 为何需要项目管理

团队可以让你在短时间内集中各类优秀的人才完成客户交付的任务。但是怎样的团队才算是一个好团队，才能真正发挥出每一位成员的力量呢？并不是将三五个人绑在一起就是团队，一群人在一起既有可能是浑然一体，也有可能是一盘散沙。一盘散沙与浑然一体的区别在于是否有一位领袖对这群人进行精确的管理，在某个时间段内让合适的人在合适的岗位完成合适的工作。这位领袖我们通常称为“教练”或“项目经理”等，而他所做的就是项目管理。

2. 什么是项目

“你听说过项目”？

“你接触过项目”？

为创造独特的产品、服务或成果而进行的临时性工作称之为项目。

项目具有以下明显的特征。

1）临时性。有明确的起点和终点，并不一定意味着持续时间短，所创造的产品、服务或成果一般不具有临时性，可能因为多种原因约束。

2）独特性。独特的可交付物，例如：有形的产品、无形的能力、其他的成果。项目之间的相似或重复的东西不能改变项目的独特性。

3）渐进明细。项目目标：从方向性大目标到具体可测量的小目标；产品范围：从粗略到详细的产品功能；项目范围：从项目章程、项目范围说明书到工作分解结构；项目计划：从控制性到具体操作计划。

项目还有其他特征：目的性、制约性、关联性、复杂性等。

很多学生或者其他读者对软件开发项目的误解就是“代码”。代码仅仅只是软件开发项目中的核心部分，并不代表全部。软件开发的项目包含了需求分析、需求设计、团队组建、人员安排、代码开发、代码测试、功能培训等活动。

3. 什么是项目管理

满足项目的要求（目标）应用于项目活动的知识、技能、工具、技术称之为项目管理，如图 1-2 所示。

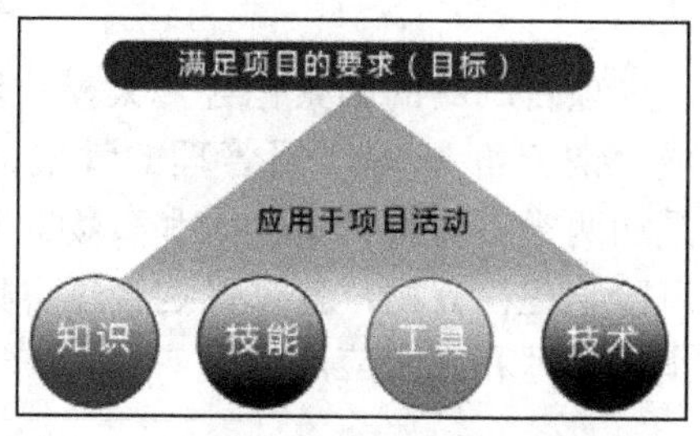

图 1-2　项目管理

项目管理本身就是一门“平衡”的艺术，项目管理是保证项目成功的手段。项目管理本身不是目标，项目成功才是项目实施的最终目标。项目管理就是为了满足甚至超越项目涉及人员对项目的需求和期望，而将优秀的思维方式、知识、技能和工具应用到项目的活动中去。

项目管理的目的如下。

1）实行科学化管理，更加正确规范地做事，通过对各个阶段实行严格的控制，保证质量、成本、进度、范围的要求，使得系统投入产出最佳化。

2）让大家进行群体系统思考，从横向各个解决问题的阶段和纵向九大领域各方面提供系统思考的方式。

3）项目计划是项目管理的核心，提高统筹策划能力；项目管理就是提高大家的预测能力，预测能力体现一个公司的卓越能力，从被动转化为主动，提高预测和预防风险的工作能力。

4）项目管理就是要求我们有明确的共同目标，要信守承诺，根据成效落实相应奖罚。

5）项目管理就是为了把原来的相互协助由帮忙变成了义务、应该做的事情，加强了团队成员的协助。

6）项目管理非常重要的就是集成协同并进的管理，对各个方面的协同有效执行进行管理，便于工作的有序有效。

7）项目管理就是要求工作文档化，文档化不是为了归档而文档化，孤立的形式归档是没有任何意义的。文档化的作用首先是人的记忆力是有限的，通过文档化可以弥补这个缺陷，减少脑力负担；其次为了让大家的思路更加清晰化、逻辑化、一致化、可视化和系统化，成为大家之间相互交流的载体，从而可以提高逻辑思维能力和沟通表达能力；第三就是为了下一工序使用和继承参考方便，同时换岗交接用，作为公司资产用。

4. 如何管理

项目管理可以概括成五点，如图 1-3 所示。

图 1-3　项目管理总概

项目制约的因素包含九大模块，如图 1-4 所示。质量管理、成本管理、时间管理形成“铁三角”，是项目管理的骨架；质量管理为核心；范围管理是基石。项目管理无非是和两类事情打交道：人和事物。有人，就有人员管理；有人，就有沟通；有事，就有风险管理；有物，就有采购管理。集成管理位于圆心的位置，代表的是对八个知识域的集成管理和综合应用。

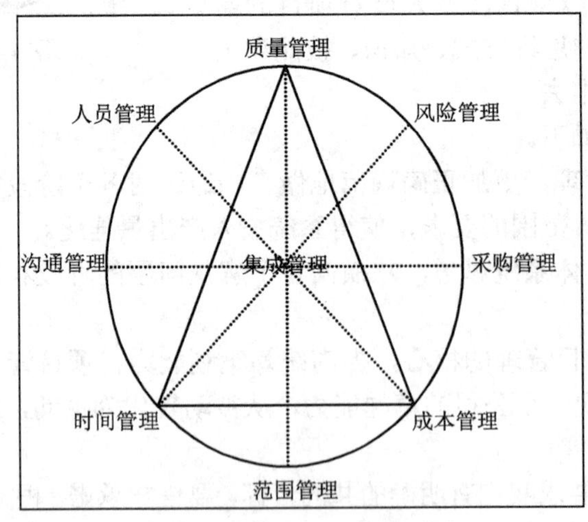

图 1-4　PMP 九大管理

1）项目集合管理：识别、定义、组合、统一与协调项目管理过程组的各过程及项目管理活动而进行的各种过程和活动。

2）项目范围管理：包括确保项目做且只做成功完成项目所需的全部工作的各过程。

3）项目时间管理：通过监督项目状态以更新项目进展、管理进度基准变更来实现控制进度的目的。时间管理是保证项目按时完成的各个过程，详细过程如表 1-1 所示。

表 1-1　时间管理过程

1	列出为完成项目而必须进行的所有活动
2	然后再分析这些活动之间的逻辑关系
3	估算各活动所需要的资源
4	估算各活动所需要的持续时间
5	制订项目进度计划
6	并在实施过程中开展进度控制

4）项目成本管理：通过监督项目状态以更新项目预算、管理成本基准变更达到控制成本的目的，包含估算成本、制定预算、控制成本三大过程。成本类型分为：直接成本、间接成本、固定成本、可变成本、可控成本、不可控成本、机会成本、沉没成本、运营成本。最重要的是监督直接成本、间接成本、机会成本、沉没成本这四项成本。

5）项目质量管理：执行组织确定质量政策、目标与职责的各过程和活动，从而使项目满足其预定的需求，兼顾项目管理与项目产品，是价值观而不是技术问题，包含规划质量管理，实施质量保证、控制质量过程。

6）项目人员管理：识别和记录项目角色、职责、所需技能、报告关系，并编制人员配备管理计划的过程。

7）项目沟通管理：确保及时且恰当地生成、收集、发布、存储、调用并最终处置所需的项目信息。PMP 项目管理也建议项目经理要花 75%以上时间在沟通上，可见沟通在项目中的重要性。多数人理解的沟通，就是善于表达，能说、会说，项目管理中的沟通，并不等同于人际交往的沟通技巧，更多是对沟通的管理。

项目制约因素有九大领域，环环相扣，因本书篇幅问题，本项目重点讲梳理沟通管理的相关知识。

沟通的具体内容：开发项目管理中的沟通管理不仅仅是平日的人与人之间的对话，更包含团队的项目经理与程序员的沟通、业务员与业务员之间的沟通、程序员与程序员的沟通、项目经理与客户的沟通、业务人员与程序员之间的沟通。这要求以职业的素养去与客户、团队沟通，因为项目的专业性和复杂性，不能要求客户具备同样的职业素养，所以项目经理以及程序员是需要将客户的要求转为专业的内容，这需要时间与经验的累积。

沟通中易犯障碍如下。

①“我以为，我认为”的错误：以为沟通过，别人就清楚了；以为没有反馈，就是没有意见了。特别是业务员与客户间的沟通、跨部门的沟通，无论是口头还是书面，都要注意双方是否理解一致。有时候太过主观，认为有些东西不说对方也能知道自己的想

法与立场，每个人想法不同，不可能完全猜到对方的心思，只有及时沟通，并且话语清晰透彻，才能取得好的成效。

② 没有计划，没有提前沟通好，造成等人局面：经常出现这样的时候，要确定某个事项，需要几个负责人参加，但因为没有提前计划，到时约不到人，结果推迟等待，无谓的增长滞后时间。实际上，对于难度较大问题，至少要提前两周计划好，预约好相关人员。

③ 欠缺适当的沟通技巧：自己不是管理专家，不用在沟通技巧中耗费太多时间。但需要掌握一些适当的沟通技巧，主要是对人对事的敏感度，能针对具体事情判断是单独沟通、书面沟通、口头沟通有效，还是需要适当借力，能达到这个层次就可以了。

沟通中的主要技巧如下。

① 聆听中的技巧：使用目光接触和对视；适时合理地提问；避免分心的举动或手势；正确有效地复述。

② 沟通中的表达技巧：预先准备思路和提纲；适时合理地提问；尽量言简意赅。

沟通中的关键原则：在项目中，很多人也知道去沟通，可效果却不明显，似乎总是不到位，由此引起的问题也层出不穷。其实要达到有效的沟通有很多要点和原则需要掌握，尽早沟通、主动沟通就是其中的两个原则，实践证明它们非常关键。项目管理从计划到实施整个周期是较长的，每一个阶段都需要掌控好才能让项目顺利进行。尽早沟通要求项目经理要有前瞻性，定期和项目成员建立沟通，不仅容易发现当前存在的问题，很多潜在问题也能暴露出来。在项目中出现问题并不可怕，可怕的是问题没被发现。沟通得越晚，暴露得越迟，带来的损失越大。

沟通的意义：工程项目内部如何进行有效的沟通，是一个复杂而又必须予以解决的问题。项目沟通效果的好坏，在很大程度上决定了项目的成功与否，因而研究项目沟通效果具有十分重要的意义。

8）项目风险管理：风险是一种不确定的事件或条件，一旦发生，会对至少一个项目目标造成影响，如范围、进度和质量。通过在整个项目中实施风险应对计划、跟踪已识别风险、监测残余风险、识别新风险和评估风险过程有效性来控制风险。

9）项目采购管理：从项目组织外部采购或获得所需产品、服务或成果的各个过程。通过管理采购关系，监督合同执行情况，并根据需要实施变更和采取纠正措施过程控制采购。

10）职业社会与道德规范：这是贯穿项目始末的道德要求、职业规范。职业社会与道德规范的核心价值观是：责任、尊重、公平、诚实。

为何在本书的第一任务中强调职业道德的内容呢？

因为软件项目开发最重要的资源是软件设计思想、软件开发源代码以及文档，而这些资源易复制，易传播，如果没有良好的职业道德，很容易泄露公司的机密，损坏团队、公司的利益。另外要求程序员能有很高的职业操守，因为程序员是容易接触到公司商业数据的，如果有意无意不小心弄错了客户的一个数据，带给公司的灾害很可能是具有毁灭性的，因此良好的职业道德是每一个程序员都必须具备的基本品质。

PMPBOK 对项目九大管理以及职业社会与道德规范在专业角度上有非常清晰的定

义，具体详情请参考 PMPBOK。

因本书篇幅原因以及从学生学习的角度出发，主要体现实际工作过程中项目管理中的一项：时间管理—进度控制。

子任务三 使用 Microsoft Project 工具建立项目管理

组建好团队，定好人员职责，下一步便是定义工期。一个项目要如期完成，必须有时间的计划与管控，可使用 Microsoft Project 2010 版本工具进行项目管理，整体容貌如图 1-5 所示。

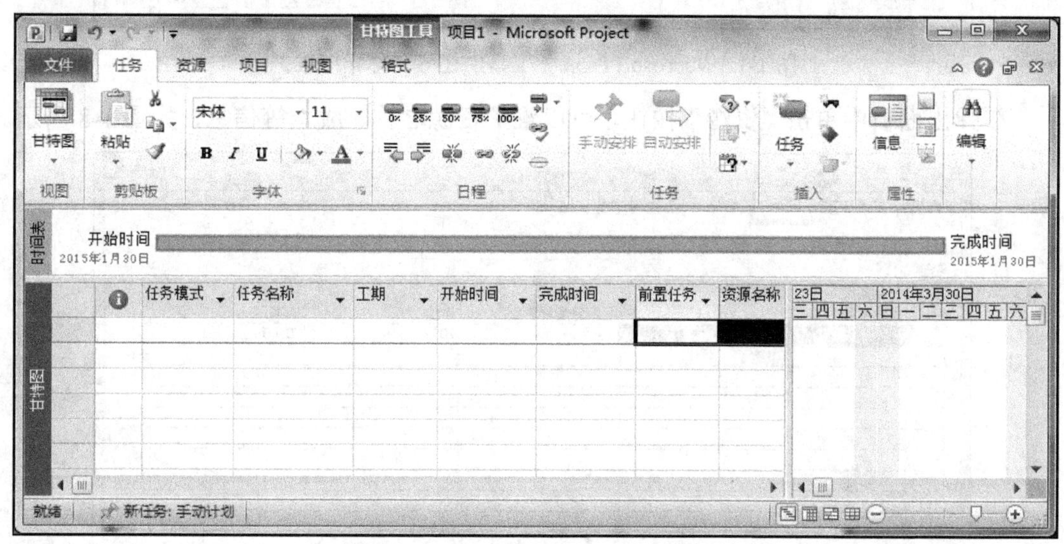

图 1-5 Microsoft Project 2010 版工具

Microsoft Project 工具中几大重要的参数是任务名称、工期、开始时间、完成时间、前置任务、资源名称、完成百分比，如图 1-6 所示。任务名称即每一项工作的名称，工期即完成该任务的计划时间，资源名称即完成该任务的负责人，完成百分比顾名思义，即当前时间任务进度如何。

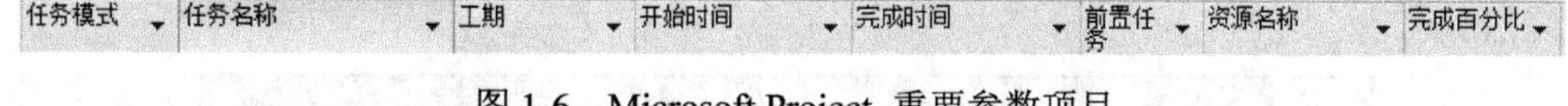

图 1-6 Microsoft Project 重要参数项目

双击每一项任务名称时，弹出窗口如图 1-7 所示，可进行工期维护，开始时间、结束时间维护，这里的开始时间和结束时间均为计划的时间。完成百分比指当前时间已完成任务所占百分比。

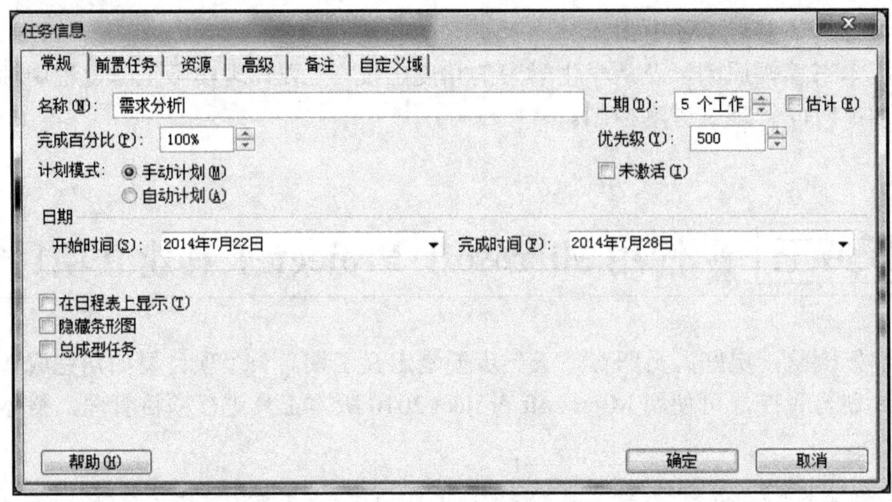

图 1-7　Microsoft Project 工具中任务名称详细维护

在弹出面板中单击“资源”按钮，可以维护资源名称、成本等信息，如图 1-8 所示。

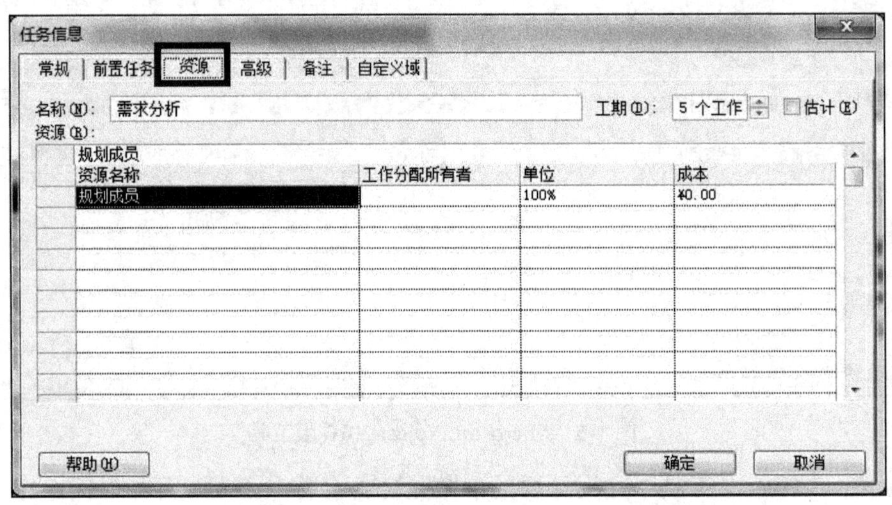

图 1-8　Microsoft Project 工具中任务名称资源维护

因为任务由最大项目一级一级层级递进关系铺展开来，所以任务有上下级关系，那在项目管理工具里如何体现呢？可以单击图 1-9 中左箭头按钮进行升级、右箭头按钮进行降级。

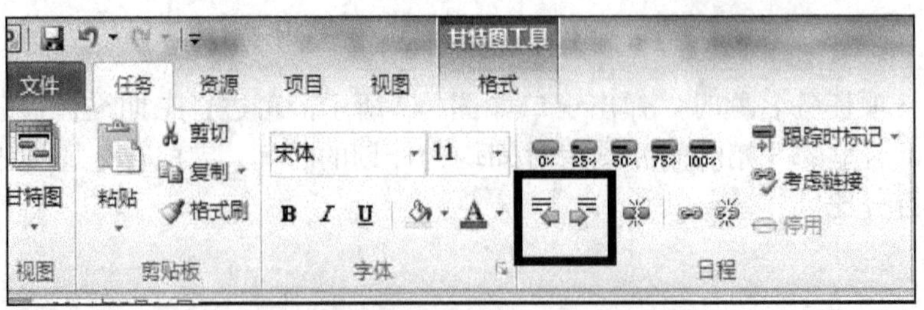

图 1-9　Microsoft Project 工具中任务升降级工具

由于项目开发的特殊性，允许在完成某项目工作中间穿插其他任务，单击“拆分任务”按钮，可以完善任务的分解，即一个任务由两段时间组成，如图 1-10 所示。

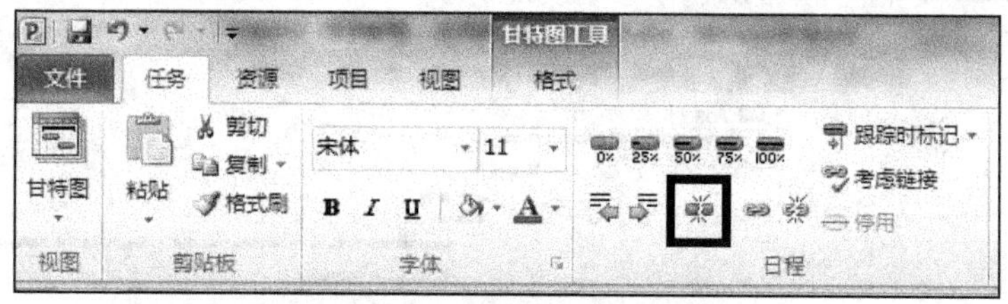

图 1-10 Microsoft Project 工具中拆分任务工具

任务有的可以并行工作，而有的不可以，必须要在完成某一项任务后才能继续下一个任务，因此任务链接工具可以很好地将工作的承接关系体现出来，如图 1-11 所示。

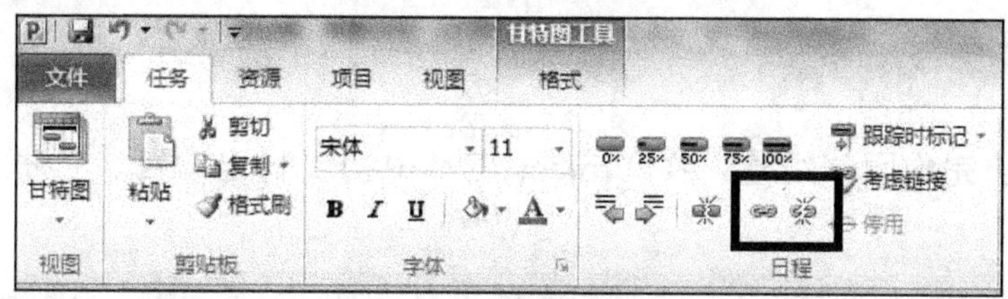

图 1-11 Microsoft Project 工具中链接任务工具

图 1-12 为图书管理系统开发项目的管理示意图，左边为管理项目。图 1-13 为项目管理甘特图，左边最大任务名称是图书管理系统，下一级分为需求阶段、设计阶段、开发阶段、测试阶段等，需求阶段下一级又展开为需求分析、需求文档、需求审核、需求文档确认这四个子级任务，每个任务可以定义开始时间、完成时间、资源名称（也即负责人）。输入开始时间，输入计划几天完成，即可以自动生成完成时间；右边为左边对应的甘特图显示，非常直观而且容易管理。

时间表 2014年7月21日 今天 2014 八月 3 2014 八月 10 2014 八月 2014年8月21日 2014 八月 24
开始时间 2014年7月22日

	任务	任务名称	工期	开始时间	完成时间	前置任务	资源名称	完成
1		**图书管理系统**	**52 个工作日**	**2014年7月22日**	**2014年10月1日**		**项目经理**	**17%**
2		**需求阶段**	**11 个工作日**	**2014年7月22E**	**2014年8月5日**		**规划组**	**82%**
3		需求分析	5 个工作日	2014年7月22日	2014年7月28日		规划成员	100%
4		需求文档	3 个工作日	2014年7月29日	2014年7月31日	3	规划成员	100%
5		需求审核	2 个工作日	2014年8月1日	2014年8月4日	4	规划组长	50%
6		需求文档确认	1 个工作日	2014年8月5日	2014年8月5日	5	规划组长	0%
7		**设计阶段**	**8 个工作日**	**2014年8月6日**	**2014年8月15日**		**开发组**	**0%**
8		设计文档	5 个工作日	2014年8月6日	2014年8月12日	6	开发组员	0%
9		图书管理系统建模	3 个工作日	2014年8月13日	2014年8月15日	8	开发组员	0%
10		**开发阶段**	**33 个工作日**	**2014年8月18E**	**2014年10月1日**		**开发组**	**0%**
11		框架设计	3 个工作日	2014年8月18日	2014年8月20日	9	开发组员	0%
12		前台设计	5 个工作日	2014年8月21日	2014年8月27日	11	开发组员	0%
13		数据库设计	5 个工作日	2014年8月28日	2014年9月3日	12	开发组员	0%
14		代码编写	20 个工作日	2014年9月4日	2014年10月1日	13	开发组员	0%

甘特图

图 1-12 图书管理系统项目管理

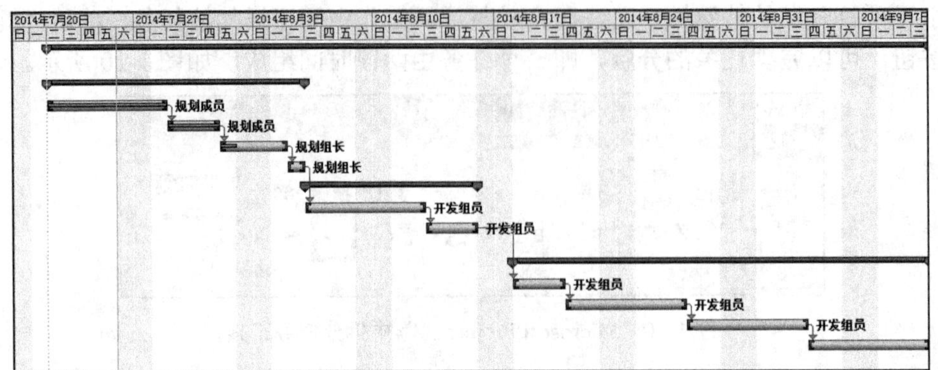

图 1-13　图书管理系统甘特图

本任务要求完成团队组建，在 Project 工具中初步制定项目、负责人、工期，如图 1-14 所示。

	任务名称	工期	开始时间	完成时间	前置任务	资源名称	完成百分比
	- 图书管理系统	61 个工作日	2014年5月6日	2014年7月29日		项目经理	0%
	+ 需求阶段	11 个工作日	2014年5月6日	2014年5月20日		规划组	0%
	+ 设计阶段	13 个工作日	2014年5月21日	2014年6月6日		开发组	0%
	+ 开发阶段	20 个工作日	2014年6月9日	2014年7月4日		开发组	0%
	+ 测试阶段	21 个工作日	2014年6月16日	2014年7月14日		规划组长	0%
	+ 验收阶段	11 个工作日	2014年7月15日	2014年7月29日		项目经理	0%

图 1-14　图书管理系统项目管理

将本任务的要点填在图 1-15 中。

图 1-15　任务一要点回顾

1）项目管理制约因素的九大管理分别有哪些？

2）在沟通中很容易因为语言的歧义产生不同的理解，如图 1-16 所示，小鸡和小鸭真实的表达意思是什么呢？

图 1-16　沟通

3）小明和小红是好朋友，小明担任××软件公司的项目经理。小红是××保险公司的业务员，因需要拓展业务，便向小明请求帮助，希望他利用职务之便，从项目数据库中下载客户住址、电话信息。想一想：小明该怎么做呢？

任务二 图书管理系统需求分析

引言：

项目团队组建完成后，便要启动最重要的环节——图书管理系统需求分析。需求分析犹若建房子的蓝图，蓝图未画好，房子无法开始动工，倘若蓝图考虑不周到，那可能会带来返工，甚至重建的可能，所以需求分析这个环节尤为重要，需要细心、耐心。依据公司项目经验，一般花在项目分析上的时间占整个项目时间的30%甚至更多。

学习目标

1）学会进行需求调研。
2）掌握将调研信息转换成需求知识的方法。

子任务一 进行图书管理系统需求调研

1. 选择软件需求方法

在分析前必须有论据、有数据才能分析，那数据和论据便是从调研中得来。软件需求获取的方法如图 2-1 所示。

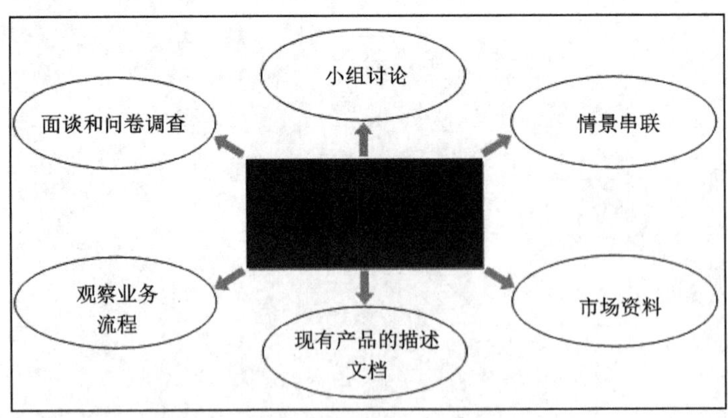

图 2-1 软件需求方法

2. 需求调研

一般根据实际情况选取合适的方法或者全部的方法进行调研。

需求调研的步骤是否正确关系到分析结果正确与否，因此需求调研需要精心准备。一般需求调研有四个阶段，如图 2-2 所示。

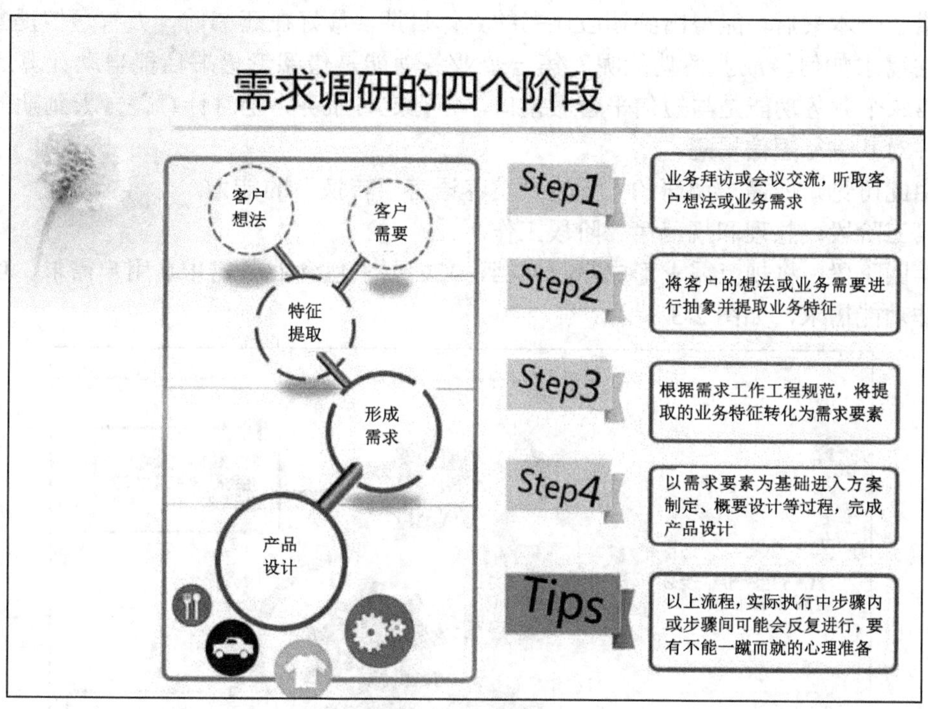

图 2-2　需求调研四阶段

第一阶段：拜访图书管理员和随机访问借阅者。

拜访的对象对系统的了解情况一般分为下面四种。

1）有系统有想法：学院图书管理员现在已经使用系统，并对现有系统不满意，希望有所改进。

2）有系统无想法：学院图书管理员现在已经使用系统，对现有系统比较满意，不想改变太大。

3）无系统有想法：系部科研教学资料较多，但现在没有使用系统，但对新系统有比较明确的建设思路。

4）无系统无想法：系部用户现在没有使用系统，对系统没有太多概念。

针对不同类型的人员需要设计不同的提问，这样才能做到有的放矢，收集的资料也比较全面。例如针对第一类人，那问题应当集中在图书管理员对现有系统的不满意的地方在哪儿，为什么不满意，或者期待怎样改进。针对第二类人，可能咨询的问题变成咨询日常工作，图书馆的管理如何做到井井有条？图书馆的书籍分类如何做到清晰明朗，便于读者使用？如何清晰记录每一位读者的借阅信息？借阅图书的规则有哪些？系统如何帮助图书管理员的统筹工作等。针对借阅者的问题，如何找到自己想要借阅的书？

要遵守图书馆的什么规则呢？假设借阅者心仪的书被借走了，有没有智能提醒功能等，要把面谈和拜访得到的信息全部记录下来。

第二阶段：将图书管理员和随机访问借阅者的想法进行提取业务特征。

因为软件项目的语言和客户的语言描述是有差异的，图书管理员和借阅者并不一定具备专业的素养，因此需将记录下的客户要求转为专业的业务特征。例如借阅者提出他希望借了一本书后，能得出到期应还书的具体日期，最好在还书前一天有短信提醒，那这样的需求如何转成业务功能呢？第一个业务功能是借阅者借书后能自动计算还书日期；第二个业务功能是与短信平台做接口，并有定时服务，定时计算差一天到期的借阅者，并对其进行短信提醒。

由此可见，做需求调研的人一定要培养语言“转换”的能力。

第三阶段：整理和规范第二阶段工作。

第四阶段：将规范需求形成需求文档，文档要求包含业务需求、用户需求、功能需求和非功能需求，如图 2-3 所示。

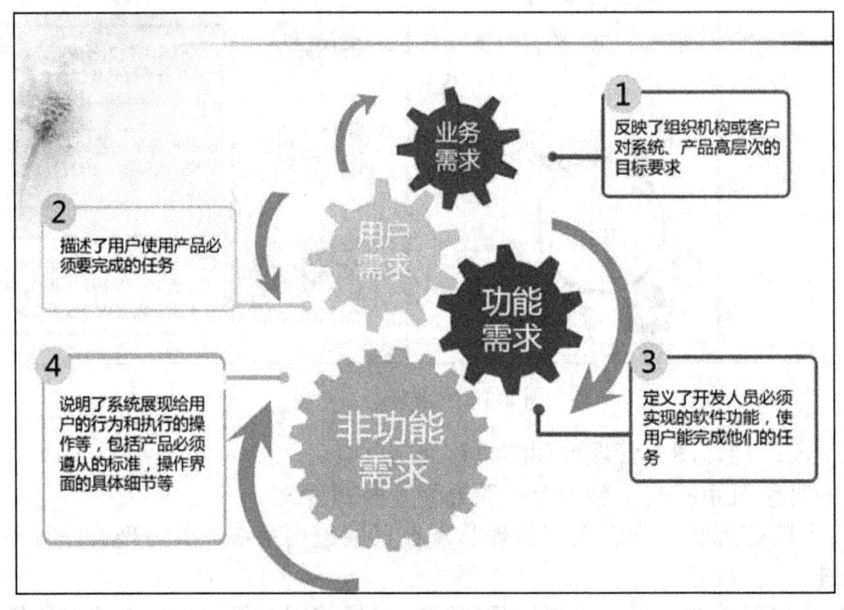

图 2-3　需求文档内容

子任务二　编写用户需求说明书

1. 用户需求说明书作用

完成需求调研后，需要完成的便是用户需求说明书，通俗的说法是需求文档。对于客户：重点在于清楚地表达客户提出的需求，你是如何理解的，让客户看了你的文档后确认表达和描述是符合他的需求的。为了更形象地表达，请做一些界面原型，这样客户才能真正与你形成互动，使针对客户的软件需求说明书有意义。对于开发人员：重点告诉他们系统需要具有哪些功能，有哪些对象，对象有哪些属性，对象之间有哪些关系，最好能采用 UML 来表达。

2. 用户需求说明书内容要求

用户需求说明书需要介绍项目的背景、需求原因，概述项目的任务与功能需求、性能需求以及运行需求等内容。

编写目的是为后续的开发工作起到较好的指导作用。开发人员的设计文档也是以需求文档为依据的。

3. 用户需求说明书范例

图书管理系统修改记录见表 2-1，团队成员见表 2-2。

表 2-1　修改记录

日期	项目名称	修改版本	描述	作者	审核人	复审人
2014/07/14	图书管理	V1.0	新项开发	欧阳××	黄××	陈××
2014/07/15	读者管理	V1.0	新项开发	欧阳××	黄××	陈××
2014/07/16	系统设置管理	V1.0	新项开发	欧阳××	黄××	陈××

表 2-2　团队成员表

	负责人	联系方式	部门名称	备注
需求文档	邓××	137900×××××	规划处规划一组	
设计文档	欧阳××	13800×××××	开发处开发一组	
程序开发	欧阳××	13800×××××	开发处开发一组	
功能测试	邓××	137900×××××	规划处规划一组	

（1）需求原因

在这个信息化的时代、管理的时代，我们应该从以前繁琐的事务中解放出来，提高工作效率。目前大型的学校图书馆已经有一整套比较完整的信息管理系统；而在一般小型的学校图书馆中，大部分工作还是手工管理，工作效率比较低，不能及时了解图书馆各类图书的存库，学生们需求的图书难以在短时间内找到，图书的入库和更新比较麻烦，不便于动态地及时调整图书结构。计算机信息化管理有着存储信息量大，速度快、便于管理等特点，处理信息及时快捷，不仅缓解了工作压力，同时还提高了工作人员的自身素质。因此建立一个图书管理系统，利用计算机提供信息，能及时地调整学校图书管理结构，并且对学生们的借阅过程形成一体化动态管理。

（2）业务流程图（图 2-4）

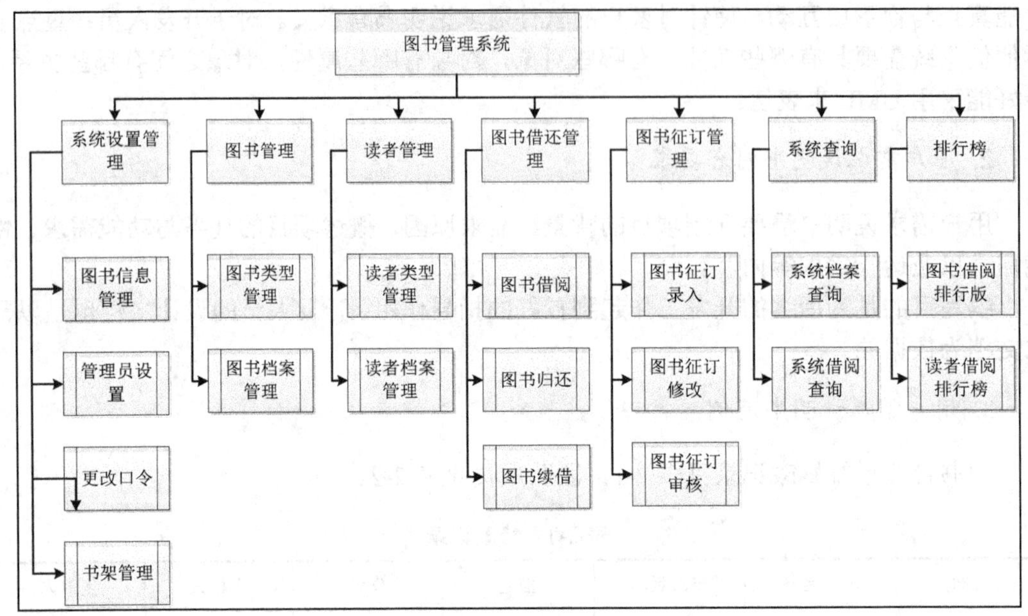

图 2-4 业务流程图

（3）功能说明

系统设置管理包含图书信息管理、管理员设置、更改口令、书架管理，要求能实现以下功能。

1）实现随时更改记录图书管的信息功能。

2）实现设置和添加管理员权限功能。

3）实现设置测试更改口令功能。

4）实现书架信息管理和添加书架信息功能。

图书管理包含图书类型管理和图书档案管理，要求能实现以下功能。

1）实现图书类型信息管理，添加图书类型功能。

2）实现图书档案管理和添加图书档案功能。

图书借还管理包含读者类型管理和读者档案管理，要求能实现以下功能。

1）实现记录读者类型和添加读者类型功能。

2）实现读者档案管理和添加读者档案功能。

读者管理包含图书借阅、图书归还、图书续借，要求能实现以下功能。

1）实现记录和更改借阅的图书信息、时间信息和读者信息功能。

2）实现记录和更改归还的图书信息、时间信息和读者信息功能。

3）实现因特殊需要能进行延期续借图书功能。

图书征订管理包含图书征订录入、图书征订修改、图书征订审核，要求能实现以下功能。

1）实现记录和更改申请征订的图书信息功能。

2）实现能修改和审核提交的需求征订的图书信息功能。

系统查询包含系统档案查询和系统借阅查询，要求能实现以下功能。

1）实现查询系统中存储的各种档案功能。

2）实现查询系统中图书借阅和归还的相关信息功能。

排行榜包含图书借阅排行和读者借阅排行，要求能实现以下功能。

1）实现对一定时期内被借阅的图书按次数多少进行排行功能。

2）实现对一定时间内借阅图书的读者按次数进行排行功能。

4. 审核用户需求说明书

需求说明书编写完毕后，项目经理及项目成员需要对文档进行反复审核与修改。文档头部要求包含版本、修改日期、修改人员、修改内容、审核人、备注等信息；需求文档内容要求有业务面向对象、功能原则、业务流程图、详细需求等信息，并要求需求内容符合当前实际情况以及未来发展趋势。

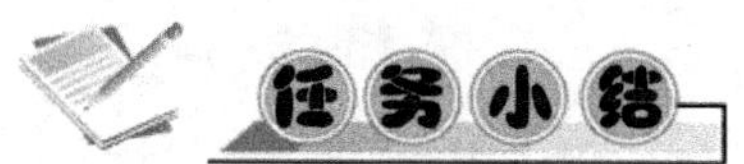

图书管理系统需求分析是由需求调研到需求分析再到需求说明书的编写，要求分析人员脚踏实地的去调研，学会抽丝剥茧分析重要信息，最后还要能转换成文档，指导开发人员后续的开发工作。

本任务完成后，维护需求阶段项目进度为100%，自动计算总项目完成率为10%，如图2-5所示。

任务名称	工期	开始时间	完成时间	前置任务	资源名称	完成百分比
图书管理系统	61 个工作日	2014年5月6日	2014年7月29日		项目经理	10%
需求阶段	11 个工作日	2014年5月6日	2014年5月20日		规划组	100%
需求分析	5 个工作日	2014年5月6日	2014年5月12日		规划成员	100%
需求文档	3 个工作日	2014年5月13日	2014年5月15日	3	规划成员	100%
需求审核	2 个工作日	2014年5月16日	2014年5月19日	4	规划组长	100%
需求文档确认	1 个工作日	2014年5月20日	2014年5月20日	5	规划组长	100%
设计阶段	13 个工作日	2014年5月21日	2014年6月6日		开发组	0%
开发阶段	20 个工作日	2014年6月9日	2014年7月4日		开发组	0%
测试阶段	21 个工作日	2014年6月16日	2014年7月14日		规划组长	0%
验收阶段	11 个工作日	2014年7月15日	2014年7月29日		项目经理	0%

图2-5　图书管理系统需求阶段

将本任务的要点填在图2-6中。

图2-6　任务二要点回顾

1）需求调研有哪四个阶段？

2）以小组方式进行调研，向图书馆馆长调查图书管理系统的具体需求，向借阅者调查借阅流程，形成需求文档。

3）总结需求分析过程中碰到的问题。

任务三

图书管理系统开发环境搭建

引言：

“工欲善其事，必先利其器”，图书管理系统的需求分析已做完，设计文档已编写完毕，那现在所需要做的便是搭建系统开发环境。

学习目标

1）掌握 Apache 的安装和配置。
2）掌握 PHP 语言集成开发工具的安装与配置。
3）掌握 MySQL 数据库的安装与配置。

子任务一 对比静态网站和动态网站优劣势

动态网站和静态网站的“不一样”如图 3-1 所示。

图 3-1 动态网站和静态网站的“不一样”

1. 静态网站与动态网站的优劣势

静态网站，由 html 文件构成，页面是 html 编写的，当然也包含 css、javascript 等脚本。它的特点是不会“变”，就是内容不随着某一事件的发生而改变。它的优缺点如图 3-2 所示。

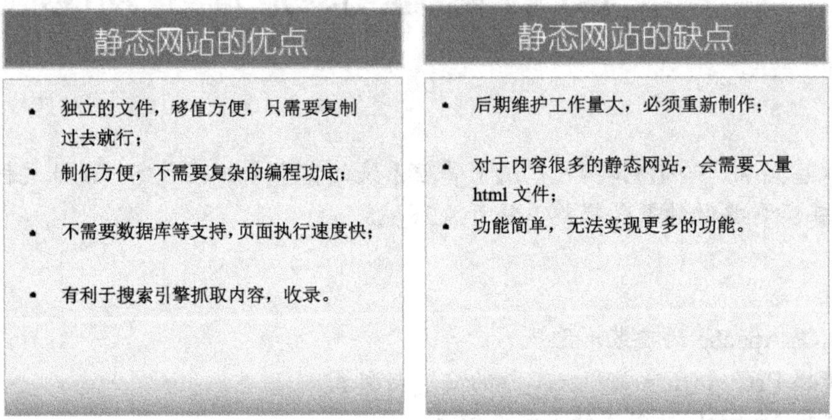

静态网站的优点

- 独立的文件，移值方便，只需要复制过去就行；
- 制作方便，不需要复杂的编程功底；
- 不需要数据库等支持，页面执行速度快；
- 有利于搜索引擎抓取内容，收录。

静态网站的缺点

- 后期维护工作量大，必须重新制作；
- 对于内容很多的静态网站，会需要大量 html 文件；
- 功能简单，无法实现更多的功能。

图 3-2 静态网站的优缺点

静态网站通常用于不用经常更新的企业类、学校类或个人网站，它制作简单，有利于搜索引擎优化。

动态网站，就是指那些应用脚本语言来编写的网站。常见的脚本编程语言有：ASP、ASPX、PHP、JSP 等。动态网站使用了数据库技术，通过代码调用数据库来显示输出数据库当中的内容，因此，静态页面赋予生命，动态网站内容是会“动”的，它的优缺点如图 3-3 所示。

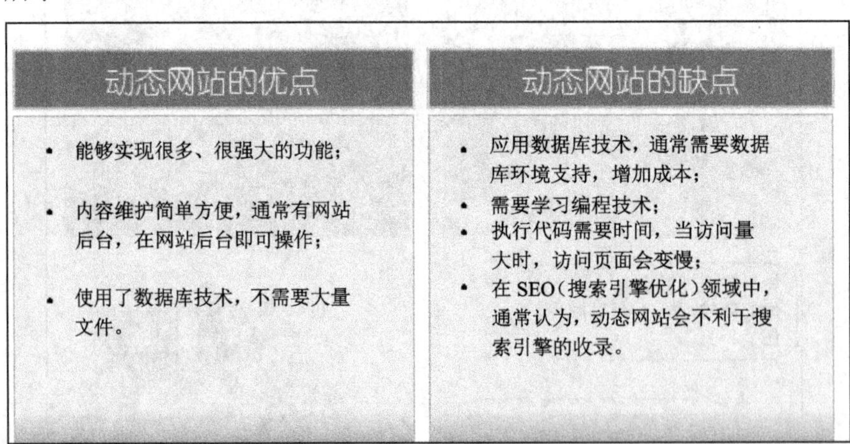

图 3-3 动态网站的优缺点

动态网站的应用十分广泛，基本上 95%以上的网站都采用了动态网站技术。通常像论坛、门户网站都是动态网站。

2. 选取动态网站开发语言

动态网站开发的主流技术有 ASP、JSP、PHP。

不同的动态网站技术各有千秋，如图 3-4 所示。根据项目图书管理系统结合实际情况对比，选取 PHP 较为合适。

	PHP	JSP	ASP.NET
操作系统	Windows/Linux/Mac..	Windows/Linux/Mac.	Windows
Web服务器	Apache/Nginx/IIs	Apache/Nginx/IIs	IIs
执行效率	高	很高	高
稳定性	佳	佳	佳
开发时间	很短	长	短
学习难度	容易	难	中等
函数库/插件	丰富	丰富	一般
安全性	中等	好	中等
核心升级速度	快	一般	慢
开发工具	丰富	一般	一般
与HTML语言结合	好	差	好
开发成本	低	高	中

图 3-4　动态网站主流技术对比

3. PHP 语言详细介绍

PHP 超文本预处理语言是 Hypertext Preprocessor 的缩写。PHP 是一种 HTML 内嵌式的语言，是一种在服务器端执行的嵌入 HTML 文档的脚本语言，语言的风格又类似于 C 语言，被广泛地运用。

PHP 独特的语法混合了 C、Java、Perl 以及 PHP 自创的语法，它可以比 CGI 或者 Perl 更快速地执行动态网页。用 PHP 做出的动态页面与其他的编程语言相比，PHP 是将程序嵌入到 HTML 文档中去执行，执行效率比完全生成 HTML 标记的 CGI 要高许多；PHP 还可以执行编译后的代码，编译可以达到加密和优化代码运行的目的，使代码运行更快。PHP 具有非常强大的功能，所有的 CGI 的功能 PHP 都能实现，而且支持几乎所有流行的数据库以及操作系统。最重要的是 PHP 可以用 C、C++进行程序的扩展。

（1）PHP 的产生

PHP 于 1994 年由 Rasmus Lerdorf 创建，刚刚开始是 Rasmus Lerdorf 为了要维护个人网页而制作的一个简单地用 Perl 语言编写的程序。最初这些工具程序用来显示 Rasmus Lerdorf 的个人履历以及统计网页流量，后来又用 C 语言重新编写，包括可以访问数据库。

后来，越来越多的人注意到这个轻巧而简便的程序，并且要求增加更多的功能，Lerdorf 决定发布一个完整的版本，并将其命名为 Personal Home Page，也就是我们今天看到的 PHP 的前身。

（2）PHP 的发展

1995 年，Rasmus Lerdorf 对外发布第一个版本。

1996 年年底，已经有 15000 多个网站使用 PHP/FI；到 1997 年，数量达到 50000 个。

1997 年，PHP 的第三个版本 PHP3 诞生。

1999 年，PHP 在网站中的应用数量超过了 150000 个。

2000 年 5 月，PHP4.0 发布，采用 Zend 引擎作为核心，与 PHP3 相比，性能有显著提升。

2004 年 7 月，PHP 5 正式发布，采用第二代 Zend 引擎，引入了面向对象的全部机制。

2010 年，PHP 发布了 PHP 5.3.X 系列，在语法规范性、面向对象、空间命名等方面进一步完善，成为一门非常成熟的计算机语言。

目前，PHP 的最新版本为 PHP5.6.5。

（3）TIOBE 编程语言社区排行榜

TIOBE 编程语言社区排行榜彰显 PHP 语言的地位，如图 3-5 所示。

Position Aug 2013	Position Aug 2012	Delta in Position	Programming Language	Ratings Aug 2013	Delta Aug 2012	Status
1	2	↑	Java	15.978%	-0.37%	A
2	1	↓	C	15.974%	-2.96%	A
3	4	↑	C++	9.371%	+0.04%	A
4	3	↓	Objective-C	8.082%	-1.46%	A
5	6	↑	PHP	6.694%	+1.17%	A
6	5	↓	C#	6.117%	-0.47%	A
7	7	=	(Visual) Basic	3.873%	-1.46%	A
8	8	=	Python	3.603%	-0.27%	A
9	11	↑↑	JavaScript	2.093%	+0.73%	A
10	10	=	Ruby	2.067%	+0.38%	A
11	9	↓↓	Perl	2.041%	-0.23%	A
12	15	↑↑↑	Transact-SQL	1.393%	+0.54%	A
13	14	↑	Visual Basic .NET	1.320%	+0.44%	A
14	12	↓↓	Delphi/Object Pascal	0.918%	-0.09%	A--
15	20	↑↑↑↑↑	MATLAB	0.841%	+0.31%	A--
16	13	↓↓↓	Lisp	0.752%	-0.22%	A
17	19	↑↑	PL/SQL	0.751%	+0.14%	A
18	16	↓↓	Pascal	0.620%	-0.17%	A-
19	23	↑↑↑↑	Assembly	0.616%	+0.11%	B
20	22	↑↑	SAS	0.580%	+0.06%	B

图 3-5　TIOBE 编程语言排行榜

PHP 发展前景如图 3-6 所示。

工作年限	发布日期	月薪范围
所有	所有	所有
在读学生(115)	近一天(1846)	面议(14826)
应届毕业生(1065)	近二天(3115)	1500以下(10)
一年以上(5680)	近三天(7736)	1500-1999(68)
二年以上(5187)	近一周(12037)	2000-2999(357)
三年以上(2754)	近两周(13459)	3000-4499(765)
五年以上(684)	近一月(15133)	4500-5999(642)
八年以上(45)	近六周(16324)	6000-7999(477)
十年以上(16)	近两月(17758)	8000-9999(343)
不限(2222)		10000-14999(205)
		15000-19999(46)

图 3-6　PHP 发展前景

（4）PHP 语言的特点（图 3-7）

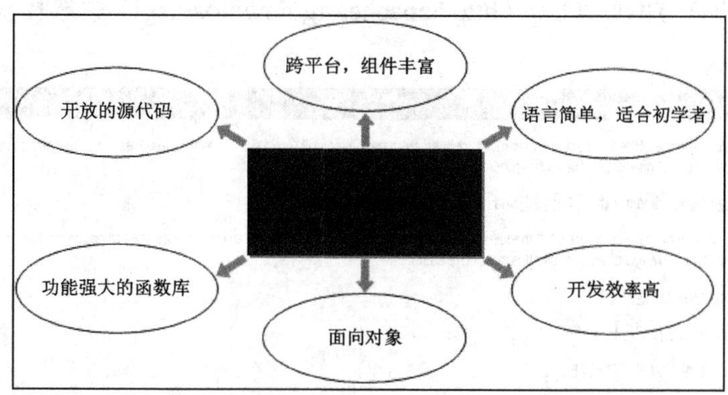

图 3-7　PHP 语言的特点

（5）动态网站开发相关的知识（图 3-8）

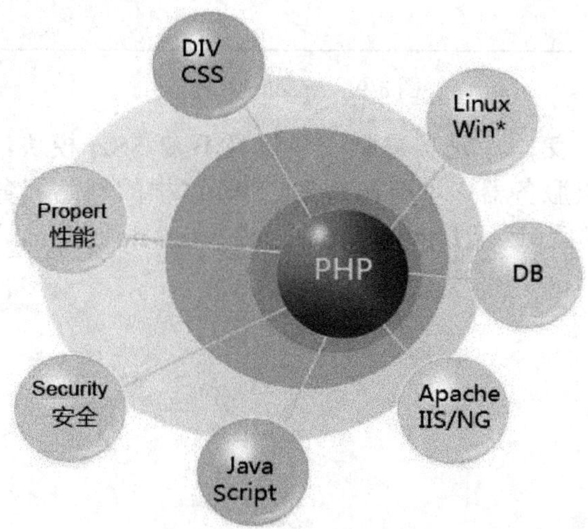

图 3-8　PHP 涉及的相关知识

子任务二 搭建动态网站运行环境

1. WAMP 环境搭建

WAMP 环境是指 Windows+Apache+MySQL+PHP 相关环境的简称，即 Windows 操作系统、Apache 网络服务器、MySQL 数据库管理系统和 PHP 脚本，其实它的组合最早还是来源于 LAMP 组合。WAMP 环境的最大优势在于它的图形化操作与安装。另外，在 Windows 平台下，PHP 的开发工具也较为丰富。因此，WAMP 环境通常会作为 PHP 的开发、调试环境。

（1）Apache 的获取与安装

在 Apache 的官方网站（http://httpd.apache.org/download.cgi）中选择 window binary，如图 3-9 所示。

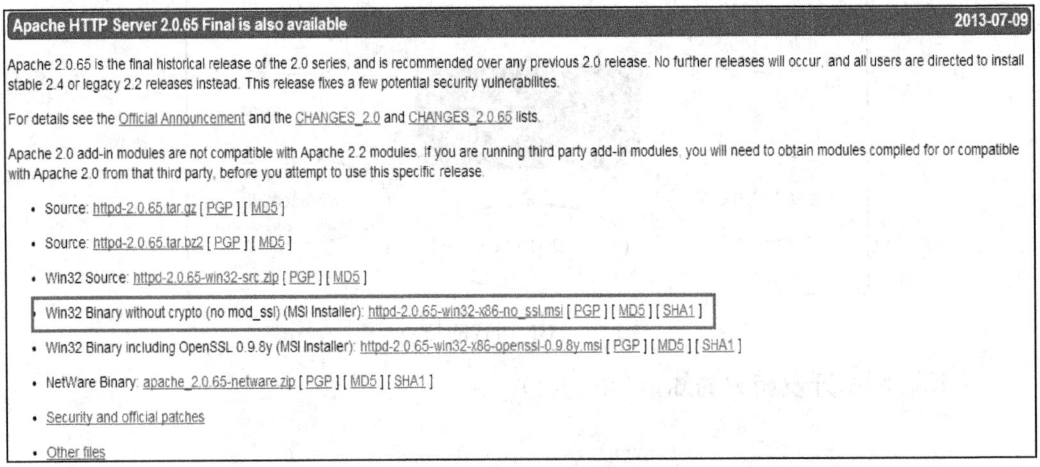

Apache HTTP Server 2.0.65 Final is also available 2013-07-09

Apache 2.0.65 is the final historical release of the 2.0 series, and is recommended over any previous 2.0 release. No further releases will occur, and all users are directed to install stable 2.4 or legacy 2.2 releases instead. This release fixes a few potential security vulnerabilities.

For details see the Official Announcement and the CHANGES_2.0 and CHANGES_2.0.65 lists.

Apache 2.0 add-in modules are not compatible with Apache 2.2 modules. If you are running third party add-in modules, you will need to obtain modules compiled for or compatible with Apache 2.0 from that third party, before you attempt to use this specific release.

- Source: httpd-2.0.65.tar.gz [PGP] [MD5]
- Source: httpd-2.0.65.tar.bz2 [PGP] [MD5]
- Win32 Source: httpd-2.0.65-win32-src.zip [PGP] [MD5]
- Win32 Binary without crypto (no mod_ssl) (MSI Installer): httpd-2.0.65-win32-x86-no_ssl.msi [PGP] [MD5] [SHA1]
- Win32 Binary including OpenSSL 0.9.8y (MSI Installer): httpd-2.0.65-win32-x86-openssl-0.9.8y.msi [PGP] [MD5] [SHA1]
- NetWare Binary: apache_2.0.65-netware.zip [PGP] [MD5] [SHA1]
- Security and official patches
- Other files

图 3-9 Apache 下载

第一个是源码包，第二个是二进制安装包且不带 SSL 模块，第三个是二进制安装包带 SSL 模块。如果服务器中不会出现 HTTPS 这样的网站服务，那就选择第二个。下载完 Apache 安装包后，运行 httpd-2.0.65-win32-x86-no_ssl.msi 版安装包，如图 3-10 所示。

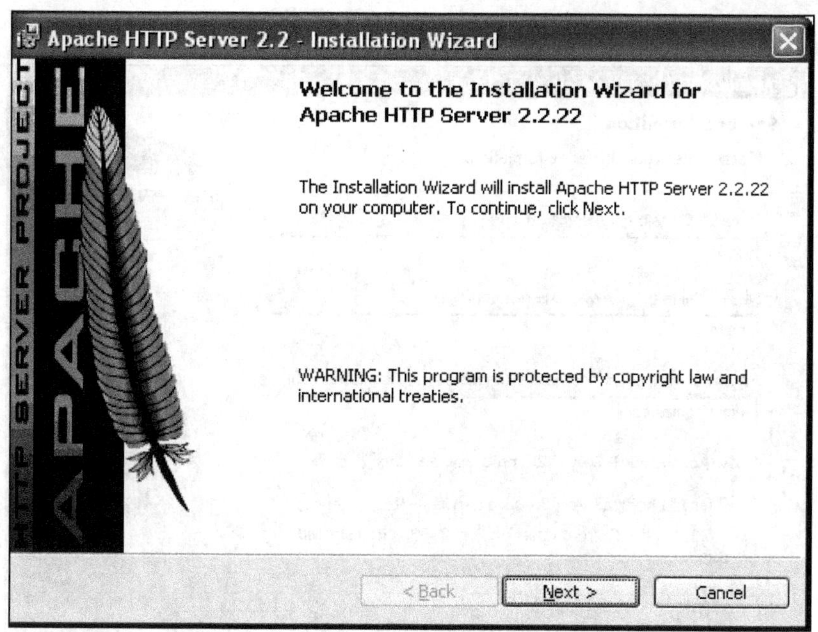

图 3-10　Apache 安装

选择安装使用许可条例，如图 3-11 所示。

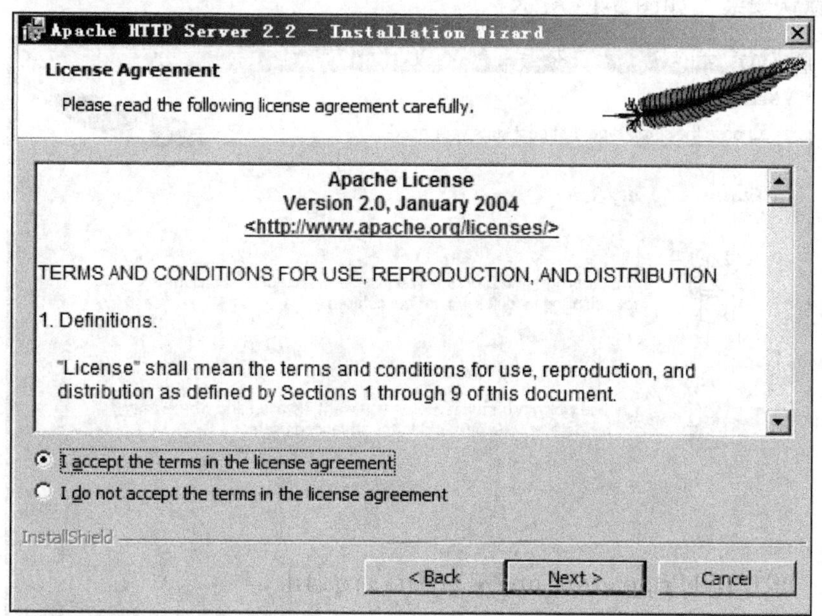

图 3-11　Apache 许可条例

设置系统信息如下。

Network Domain	域名
Server Name	服务器名称
Administrator'sEmail Address	管理员的联系邮箱

如图 3-12 所示，单击“Next”按钮继续。

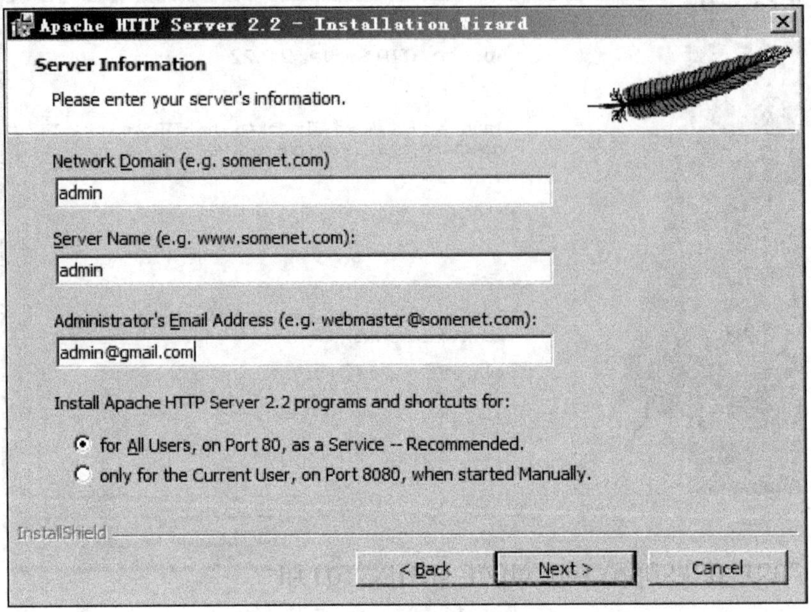

Apache HTTP Server 2.2 - Installation Wizard
Server Information
Please enter your server's information.
Network Domain (e.g. somenet.com)
admin
Server Name (e.g. www.somenet.com):
admin
Administrator's Email Address (e.g. webmaster@somenet.com):
admin@gmail.com
Install Apache HTTP Server 2.2 programs and shortcuts for:
for All Users, on Port 80, as a Service -- Recommended.
only for the Current User, on Port 8080, when started Manually.
InstallShield
< Back
Next >
Cancel

图 3-12　服务器个人信息

选择默认安装，如图 3-13 所示。

Apache HTTP Server 2.2 - Installation Wizard
Setup Type
Choose the setup type that best suits your needs.
Please select a setup type.
Typical
Typical program features will be installed. (Headers and Libraries for compiling modules will not be installed.)
Custom
Choose which program features you want installed and where they will be installed. Recommended for advanced users.
InstallShield
< Back
Next >
Cancel

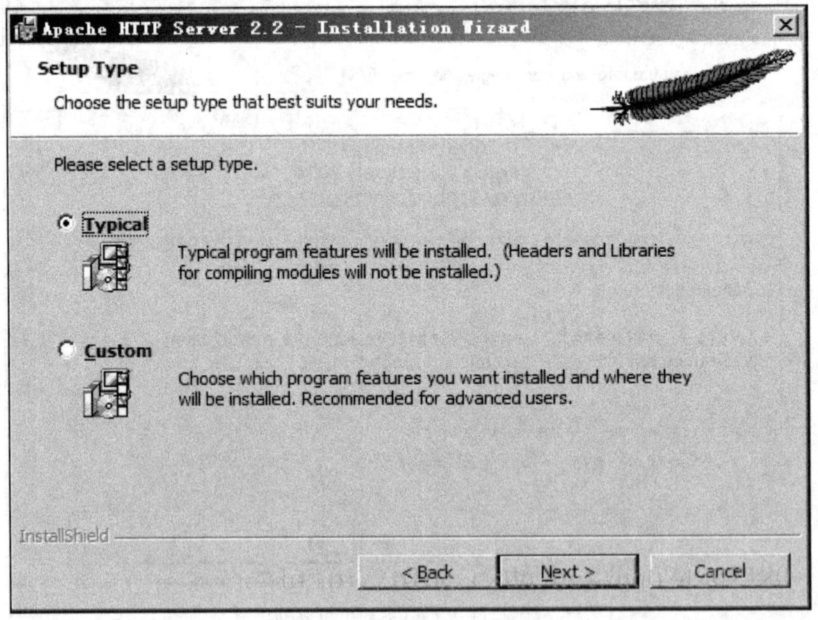

图 3-13　安装方式选项

这里选择安装 D:\，读者可根据计算机情况自行选取，一般建议不要安装在操作系统所在盘，如图 3-14 所示。

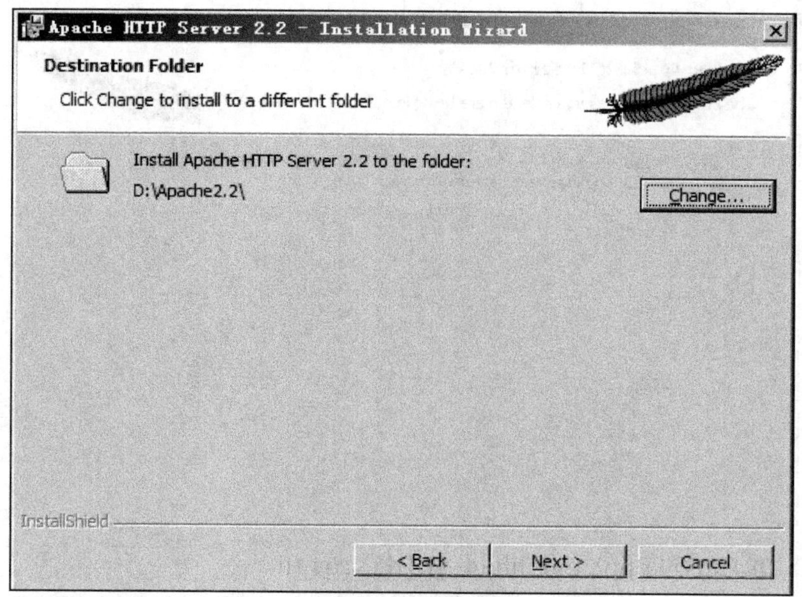

图 3-14　安装路径

检查配置后单击“Next”按钮开始安装，如图 3-15 所示。

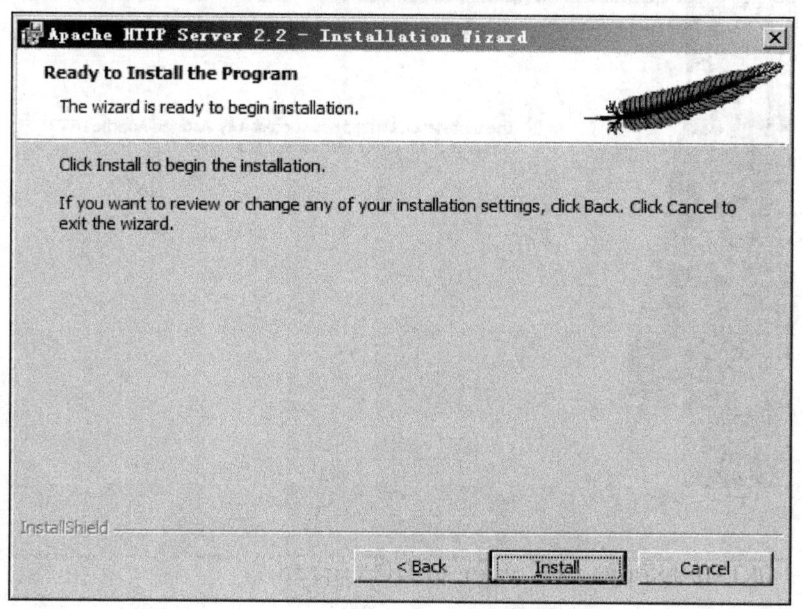

图 3-15　准备安装

正在安装中，如图 3-16 所示。

安装完成，如图 3-17 所示。右下角出现表示成功，单击 Finish 按钮结束安装；如果右下角出现，表示安装不成功，一般情况下是端口冲突。

安装完成后进行测试，在浏览器地址栏访问 http://localhost 后可以看到成功页面，如图 3-18 所示。

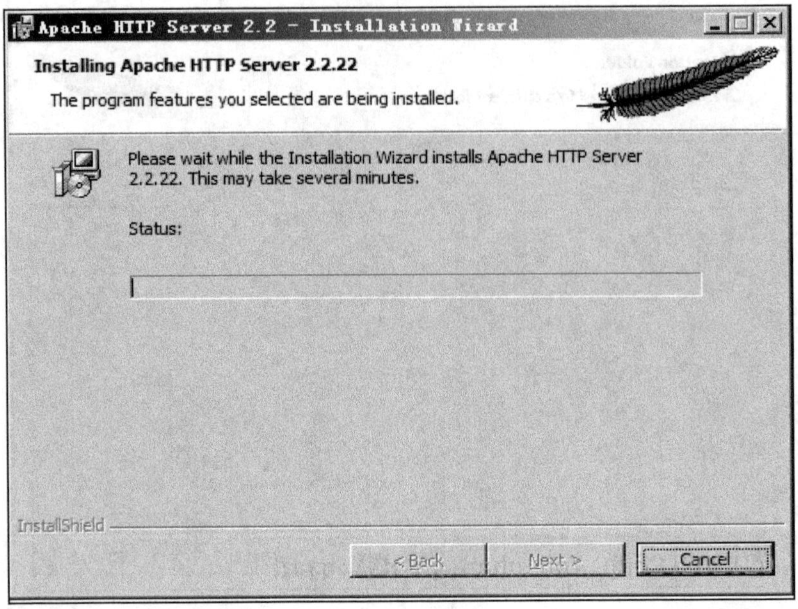

图 3-16　安装中

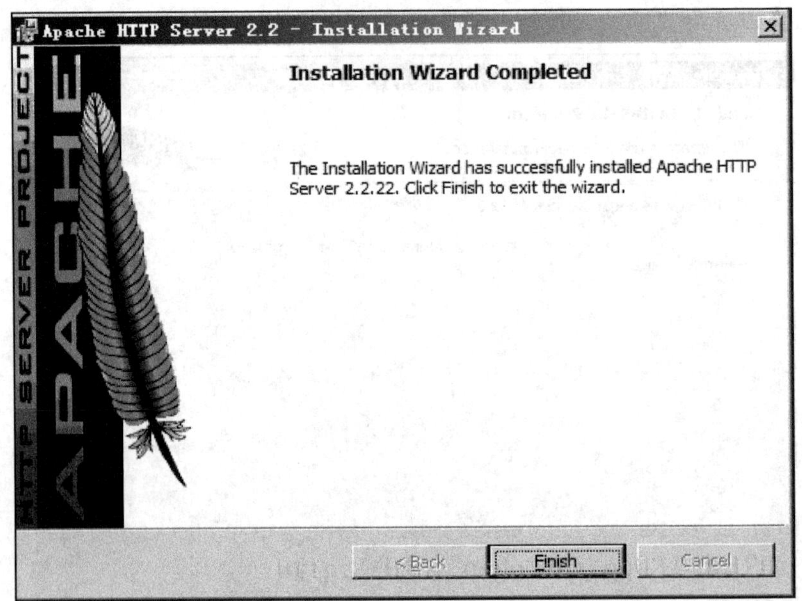

图 3-17　安装完成

端口冲突是指默认的 80 端口只允许为一个环境工具服务，如果已有其他程序占用 80 端口，则需要修改端口。

具体的解决方法如下。

1）改变 Apache 的端口。在 Apache 的安装目录下，作者目录是在 D:\Apache2.2\conf 下，修改 httpd.conf 文件，用 Ctrl+F 键查找 Listen， 由默认的 80 端口改成未占用的，例如 8080、8890 等，如图 3-19 所示。

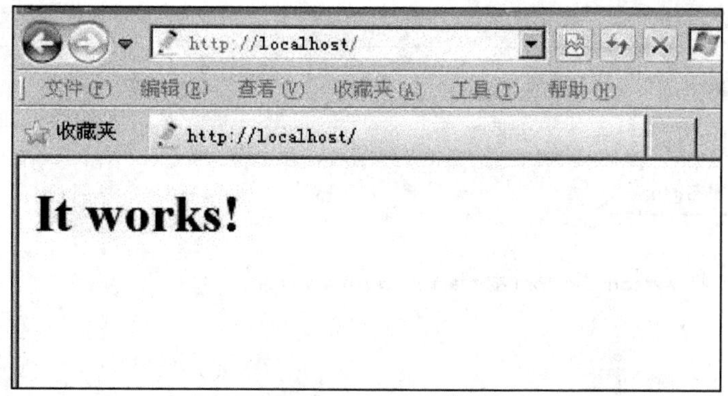

图 3-18　测试成功

```
#
# Listen: Allows you to bind Apache to specific IP addresses and/or
# ports, instead of the default. See also the <VirtualHost>
# directive.
#
# Change this to Listen on specific IP addresses as shown below to
# prevent Apache from glomming onto all bound IP addresses.
#
#Listen 12.34.56.78:80
Listen 8090
```

图 3-19　修改示意图

修改配置文件重启 Apache 服务，如果仍然不能正常启动，那在系统开始运行时输入“cmd”进入 cmd 命令窗口。假设是 Apache 服务安装在 D 盘，则重启命令如下。

D:

cd d:\\Apache Software Foundation\Apache2.2\bin httpd －k install

然后重启 Apache 服务。

2）关闭或修改 IIS 的端口。以 IIS7 为例子，单击要修改端口号的网站，然后在右侧边栏的“操作”中，选择“绑定...”选项，如图 3-20 所示。

打开“网站绑定”对话框，单击类型为“http”的记录，再单击右侧的“编辑”按钮，如图 3-21 所示。

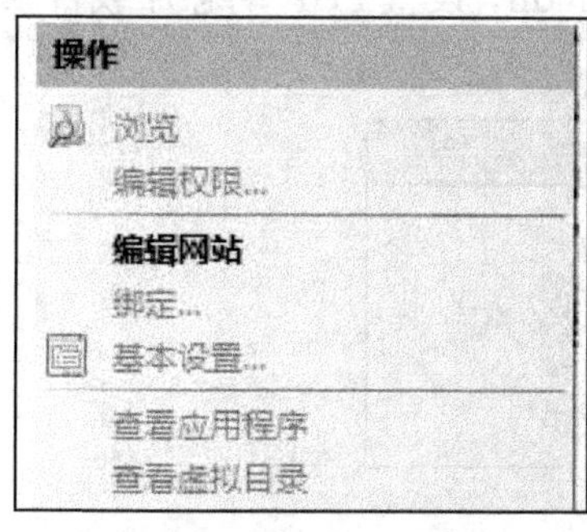

图 3-20　Default Web Site 操作栏

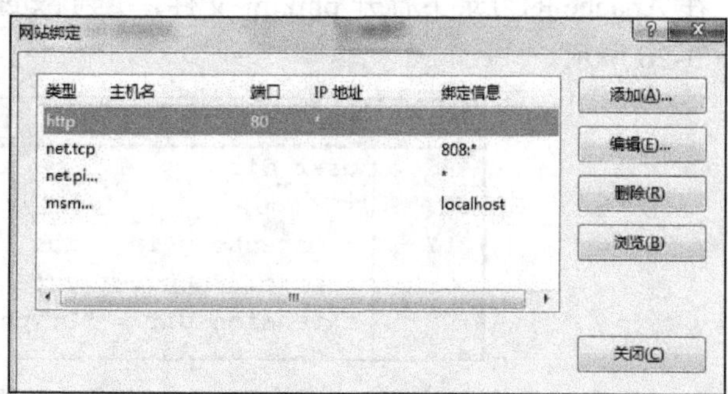

图 3-21　网站绑定

打开“编辑网站绑定”对话框，即可对端口号进行修改，如图 3-22 所示。

图 3-22　编辑网站绑定

（2）PHP 的获取与安装

在 PHP 的官方网站（http://cn2.php.net/downloads.php）中下载需要的版本，作者这里用 php-5.2.17-Win32-VC6-x86.zip。

下载完 PHP 压缩包后，把 php-5.2.17-Win32-VC6-x86.zip 解压到 D:\php5，最好与 Apache 在一个目录里，方便管理和配置，如图 3-23 所示。

将 php5 目录下的 php5ts.dll 复制到 C:\WINDOWS\system32，如图 3-24 所示。

将 php5 目录下的 php.ini-dist 复制到 Apache 安装的目录下，将 php.ini-dist 更名为 php.ini，如图 3-25 所示。

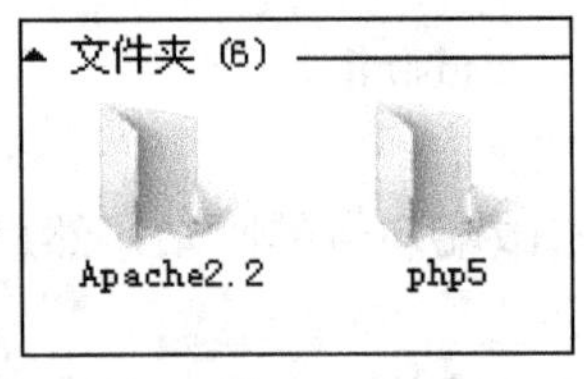

图 3-23　目录

图 3-24　php5ts.dll

图 3-25　php.ini-dist

在 Apache 的目录下打开 php.ini 文件，找到 extension_dir，设置 PHP 动态加载目录，如图 3-26 所示。

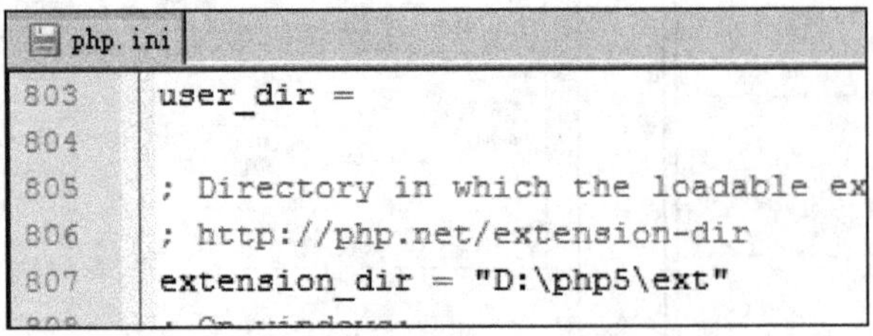

```
php.ini
user_dir =

; Directory in which the loadable ex
; http://php.net/extension-dir
extension_dir = "D:\php5\ext"
```

图 3-26　php.ini 配置

最后在 Apache 目录下的 conf 文件里编辑 httpd.conf，如图 3-27 所示。

```
php.ini  httpd.conf
#Include conf/extra/httpd-info.conf

# Virtual hosts
Include conf/extra/httpd-vhosts.conf

# Local access to the Apache HTTP Server Manual
#Include conf/extra/httpd-manual.conf

# Distributed authoring and versioning (WebDAV)
#Include conf/extra/httpd-dav.conf

# Various default settings
#Include conf/extra/httpd-default.conf

# Secure (SSL/TLS) connections
#Include conf/extra/httpd-ssl.conf
#
# Note: The following must must be present to support
#       starting without SSL on platforms with no /dev/random eq
#       but a statically compiled-in mod_ssl.
#
<IfModule ssl_module>
SSLRandomSeed startup builtin
SSLRandomSeed connect builtin
</IfModule>

LoadModule php5_module "D:/php5/php5apache2_2.dll"
AddType  application/x-httpd-php   .php
phpinidir "D:/Apache2.2"
```

图 3-27　httpd.conf 配置

在末行加上下面语句。

```
LoadModule php5_module "D:/php5/php5apache2_2.dll"
#加载 php5apache2_2.dll 扩展
AddType   application/x-httpd-php   .php
#设置后缀名为.php 的文件由 Apache 解析
phpinidir "D:/Apache2.2"
#指定 php5的配置文件 php.ini 的路径
```

完成测试

在 D:\Apache2.2\htdocs 新建一个 phpinfo.php 文件，用记事本打开输入下面语句。

```
<?php
  phpinfo();
?>
```

在浏览器地址栏测试：http://localhost/phpinfo.php，出现图 3-28 画面则说明成功安装了 PHP。

（3）MySQL 的获取与安装

在 MySQL 的官方网站（http://www.MySQL.com）中下载需要的版本，这里用 MySQL-5.5.27-win32.msi，如图 3-29 所示。

PHP Version 5.2.17

System	Windows NT SIMER-PC 6.1 build 7601
Build Date	Jan 6 2011 17:26:08
Configure Command	cscript /nologo configure.js "--enable-snapshot-build" "--enable-debug-pack" "--with-snapshot-template=d:\php-sdk\snap_5_2\vc6\x86\template" "--with-php-build=d:\php-sdk\snap_5_2\vc6\x86\php_build" "--with-pdo-oci=D:\php-sdk\oracle\instantclient10\sdk,shared" "--with-oci8=D:\php-sdk\oracle\instantclient10\sdk,shared" "--without-pi3web"
Server API	Apache 2.0 Handler
Virtual Directory Support	enabled
Configuration File (php.ini) Path	C:\Windows
Loaded Configuration File	F:\Apache2.2\php.ini
Scan this dir for additional	(none)

图 3-28　PHP 安装成功

图 3-29　MySQL msi 安装包

单击“Next”按钮显示如图 3-30 所示。

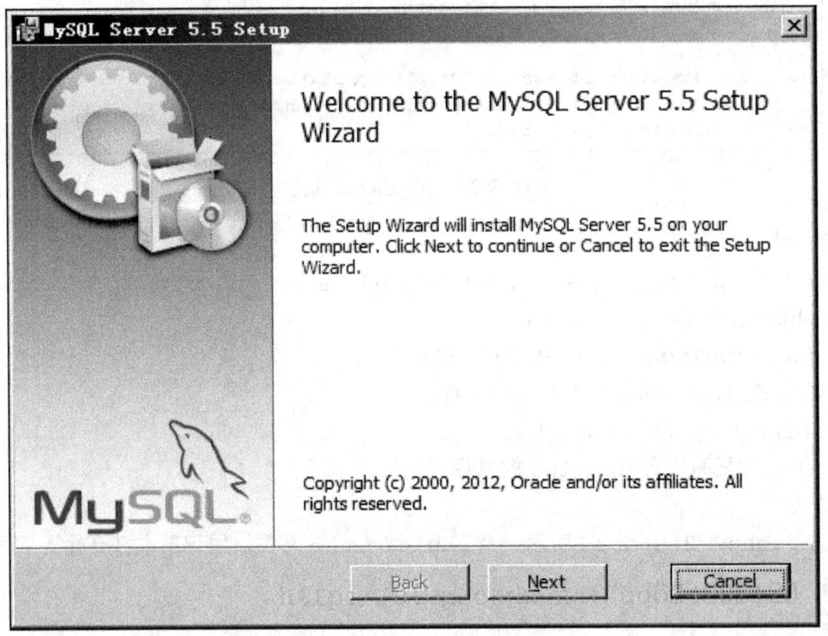

图 3-30　MySQL 安装欢迎画面

勾选同意单击“Next”按钮，如图 3-31 所示。

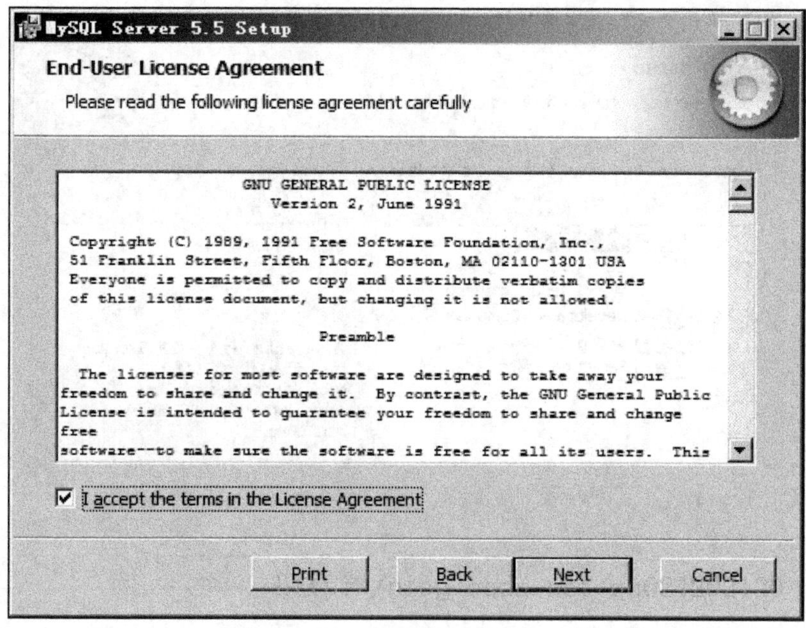

图 3-31　MySQL 同意协议

选择“Custom”进入自定义安装，如图 3-32 所示。

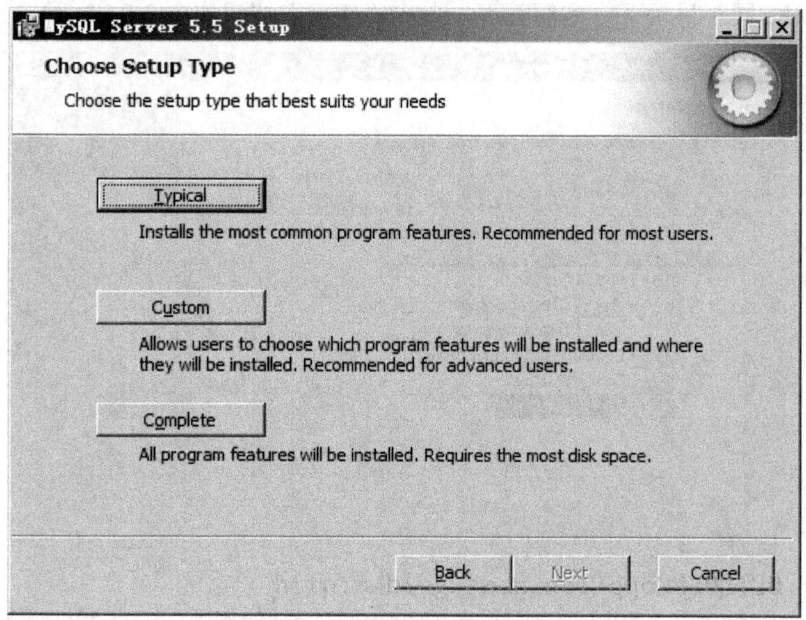

图 3-32　Custom 自定义安装

单击 MySQL Server，再单击“Browse”按钮改变安装目录，安装到 Apache 同一目录下，方便管理，如图 3-33 所示。

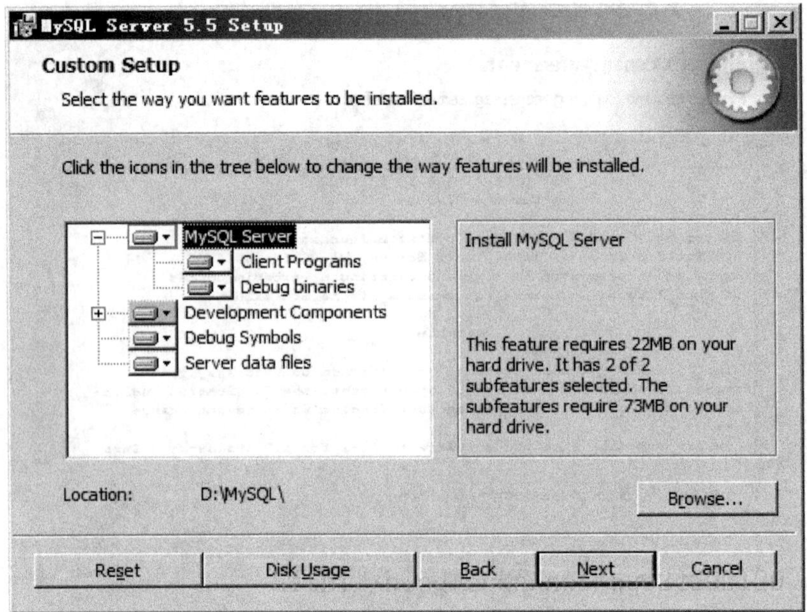

图 3-33　安装路径

单击 Server data files，再单击“Browse”按钮改变 MySQL 数据库文件存放目录，安装到 Apache 同一目录下，方便管理，单击“Next”按钮如图 3-34 所示。

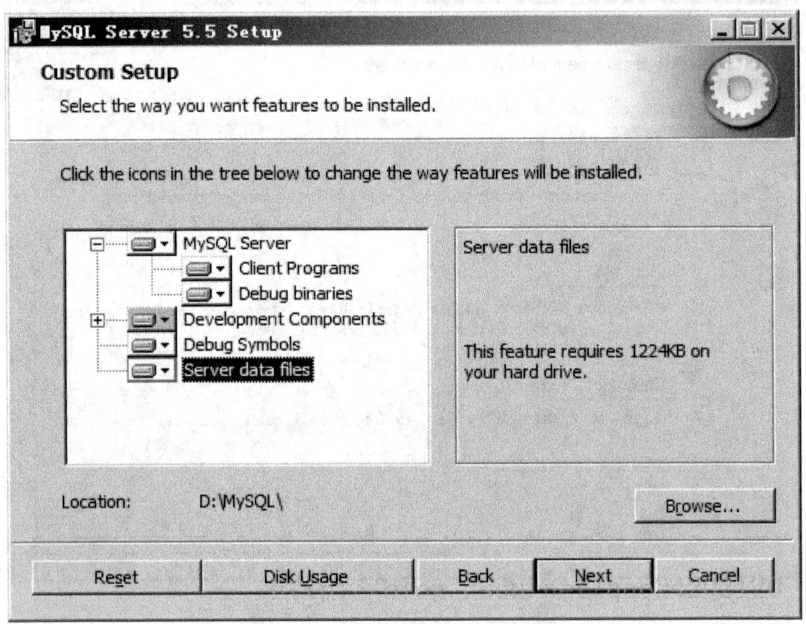

图 3-34　数据库文件安装路径

检查后安装，如图 3-35 所示。

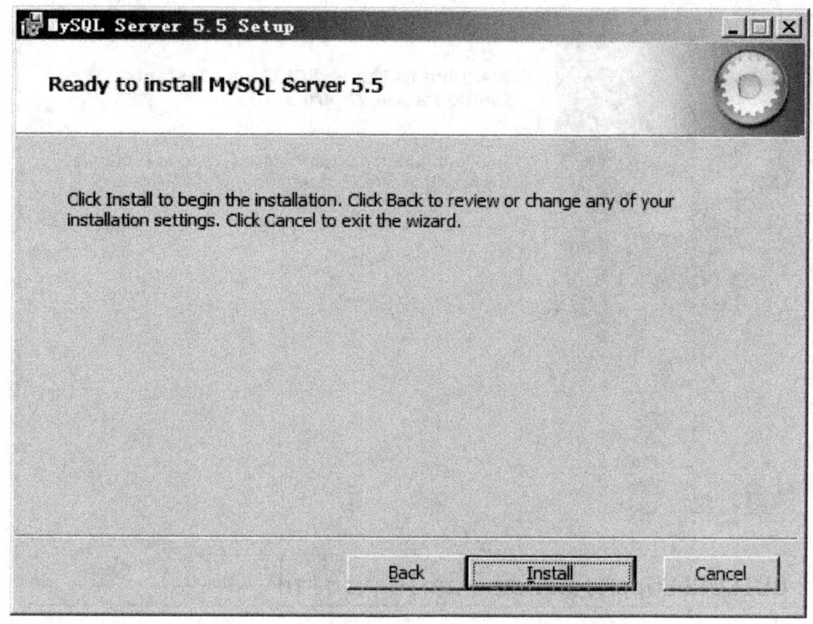

图 3-35　准备安装

安装后会弹出配置向导，单击“Finish”按钮，如图 3-36 所示。

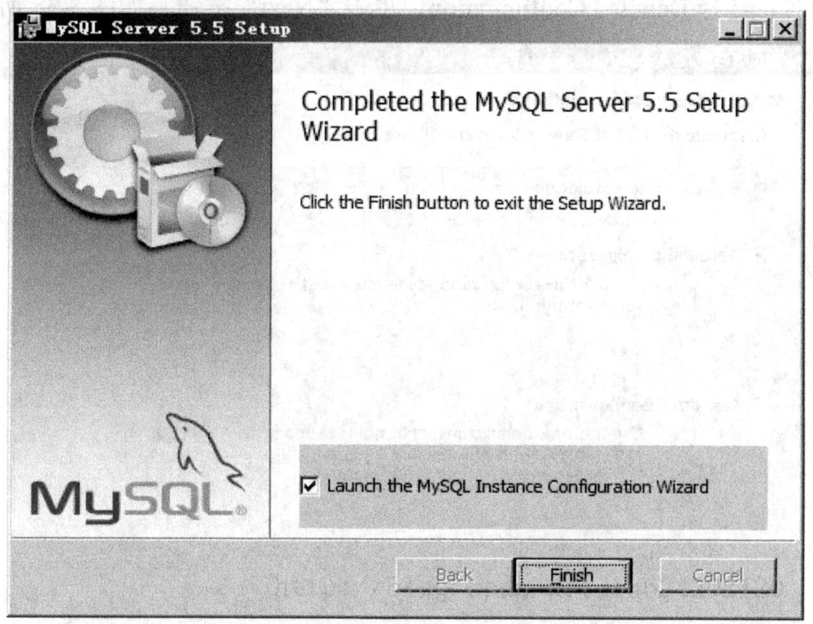

图 3-36　安装完成

单击“Next”按钮准备配置 MySQL，如图 3-37 所示。

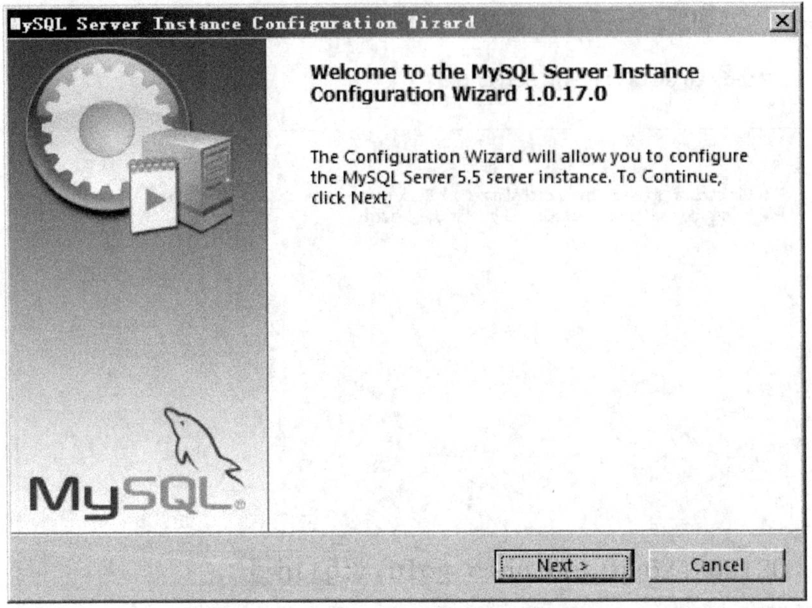

图 3-37　准备配置

手动配置有 Detailed Configuration （手动精确配置）和 Standard Configuration （标准配置）两种，选择 Detailed Configuration，单击“Next”按钮，如图 3-38 所示。

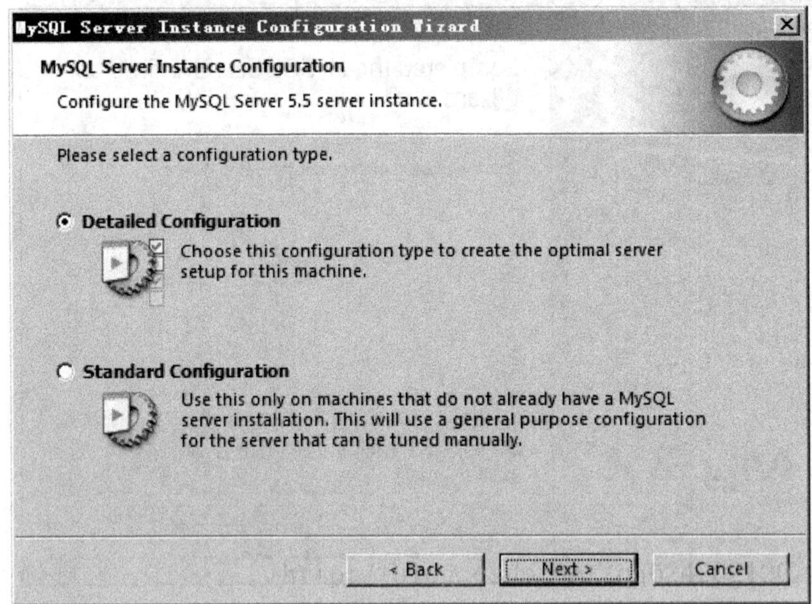

图 3-38　手动配置

服务器类型如下。

```
Developer Machine                 （开发测试类，MySQL 占用很少资源）
Server Machine                    （服务器类型，MySQL 占用较多资源）
Dedicated MySQL Server Machine（专门的数据库服务器，MySQL 占用所有可用资源）
```

选择 Server Machine，单击“Next”按钮，如图 3-39 所示。

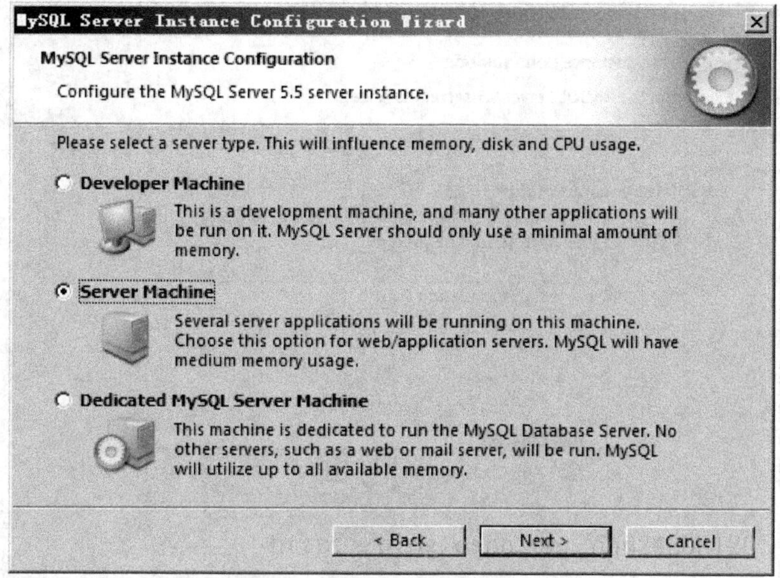

图 3-39　服务器类型

MySQL 数据库的大致用途有以下三种。

MultIFunctional Database　　　　（通用多功能型，好）

Transactional Database Only　　（服务器类型，专注于事务处理，一般）

Non-Transactional Database Only　（非事务处理型，较简单，主要做一些监控、记数用，对 MyISAM 数据类型的支持仅限于 non-transactional）

选择 Transactional Database Only，单击“Next”按钮，如图 3-40 所示。

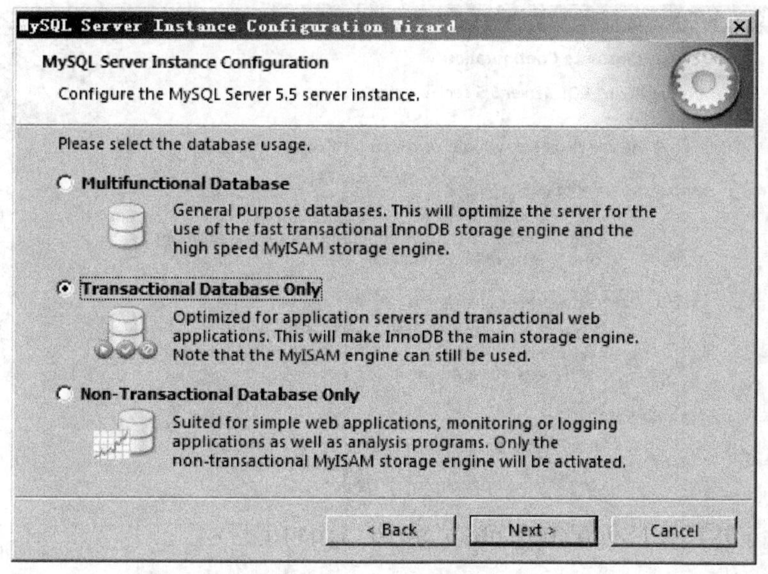

图 3-40　服务器用途

使用默认位置，直接单击“Next”按钮继续，如图 3-41 所示。

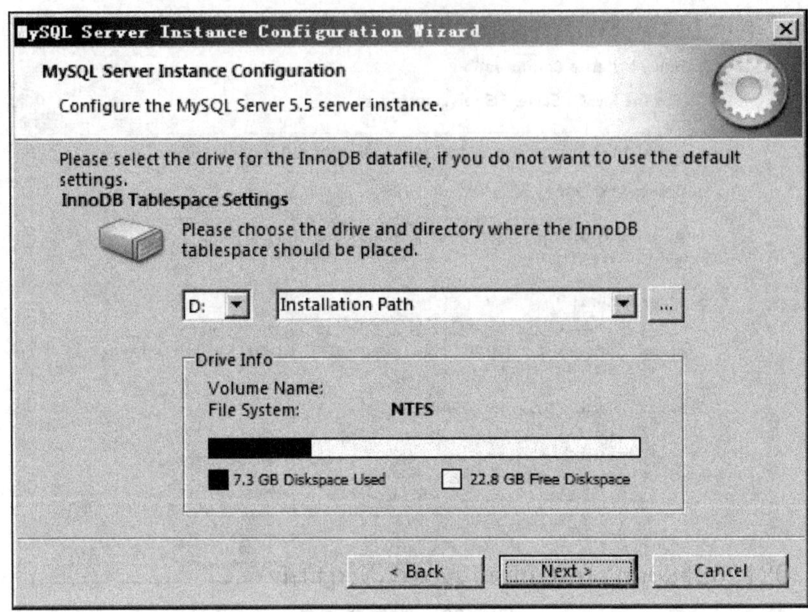

图 3-41 默认位置

MySQL 访问量设置如下。

```
Decision Support(DSS)/OLAP                    (20 个左右)
Online Transaction Processing(OLTP)           (500 个左右)
Manual Setting                                (手动设置，自己输一个数)
```

选择 Online Transaction Processing（OLTP），单击“Next”按钮，如图 3-42 所示。

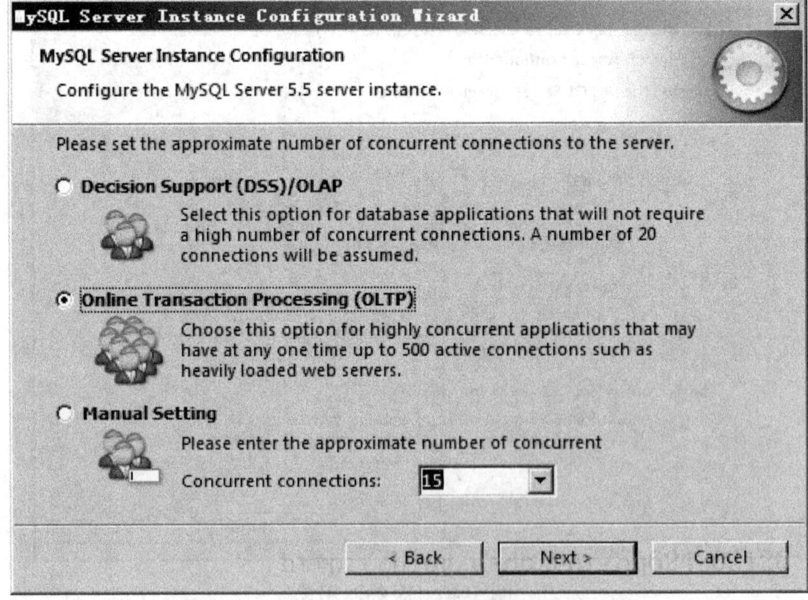

图 3-42 访问量设置

默认 TCP/IP 协议 3306 端口，单击“Next”按钮，如图 3-43 所示。

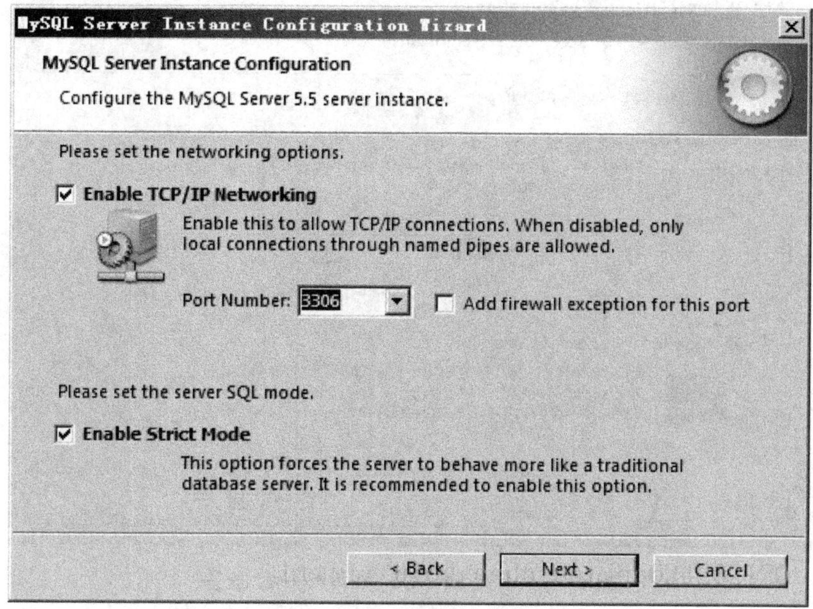

图 3-43　MySQL 端口

对 MySQL 默认数据库语言编码进行设置，选择 gbk，如图 3-44 所示。

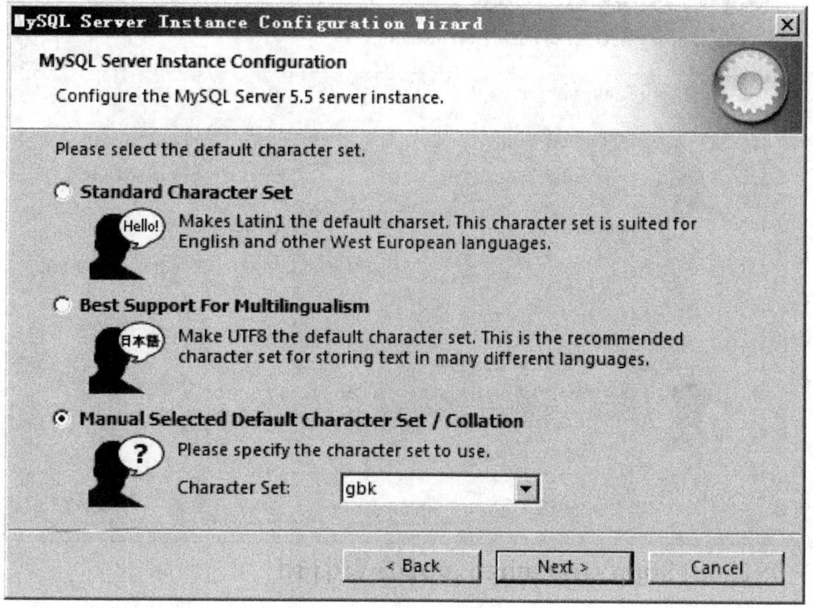

图 3-44　默认编码

单击“Next”按钮继续，如图 3-45 所示。

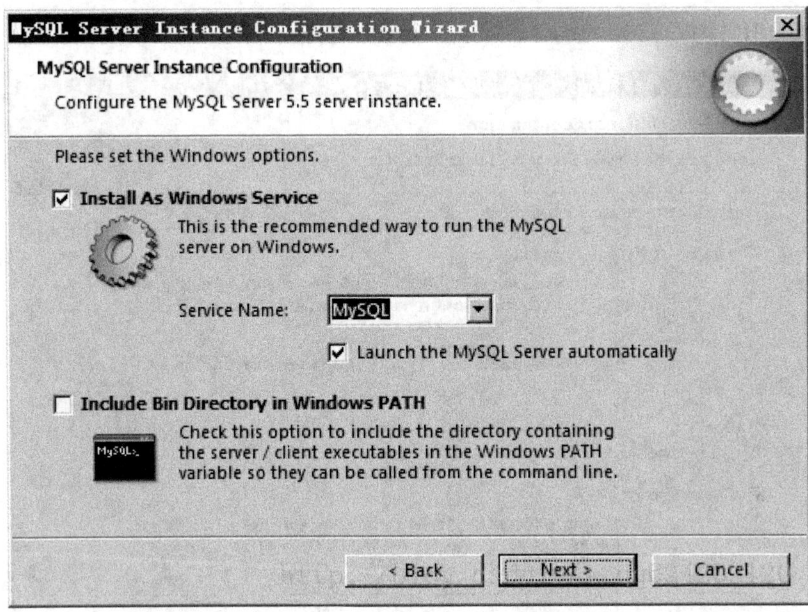

图 3-45 设置 MySQL 为 Windows 服务

设置数据库密码，单击“Next”按钮，如图 3-46 所示。

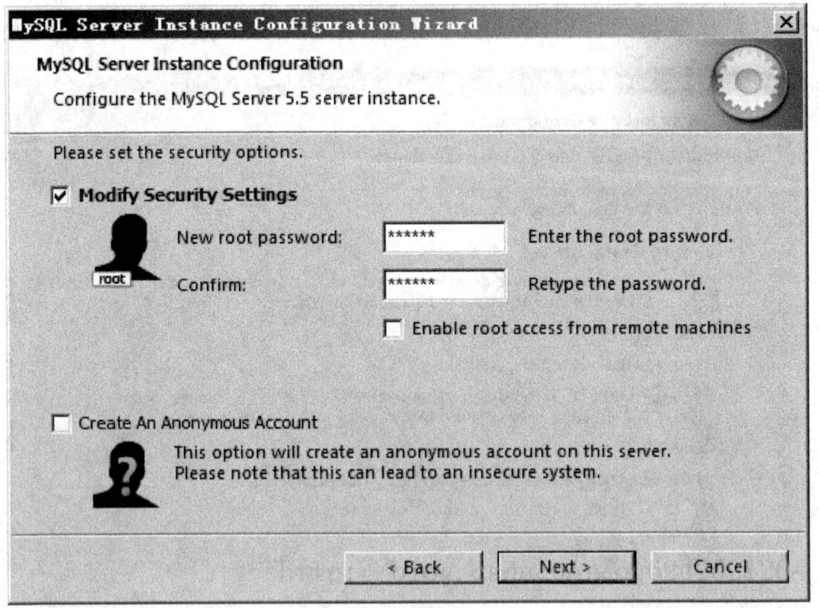

图 3-46 数据库密码

单击“Execute”按钮开始配置，如图 3-47 所示。

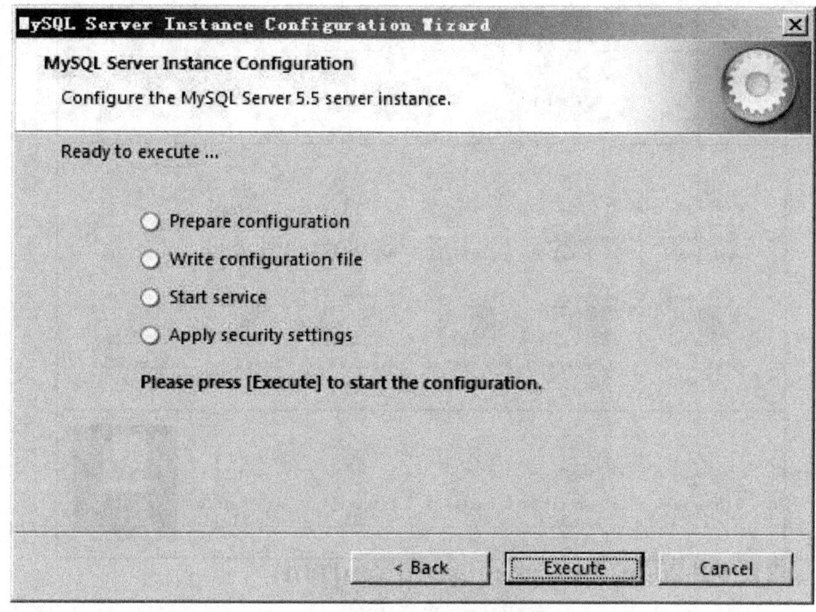

图 3-47　开始配置

单击“Finish”按钮结束 MySQL 的安装与配置，如图 3-48 所示。

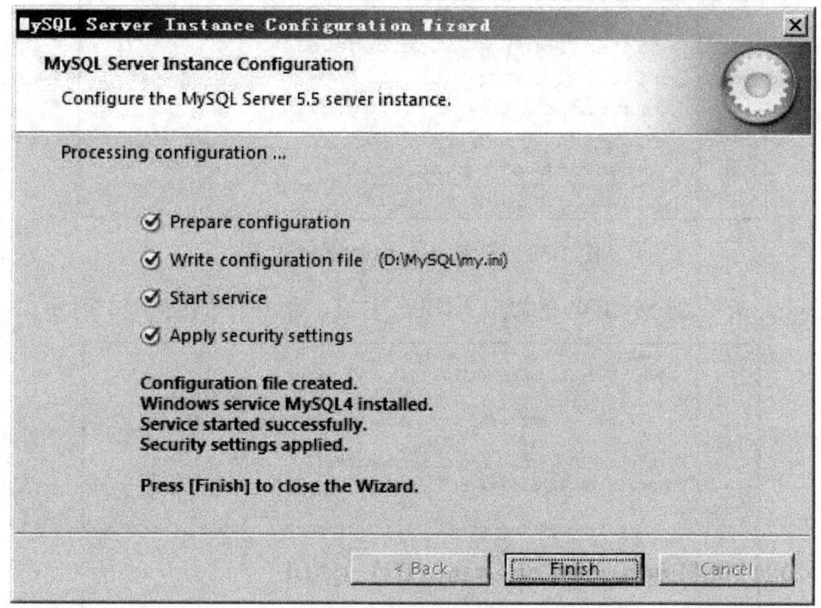

图 3-48　配置完成

（4）PHP 和 MySQL 的整合

要实现 PHP 与 MySQL 的结合，还需要配置以下内容。

找到 PHP 的安装目录，将 libmysql.dll 文件复制到 Apache 的目录下的 bin 目录，如图 3-49 所示。

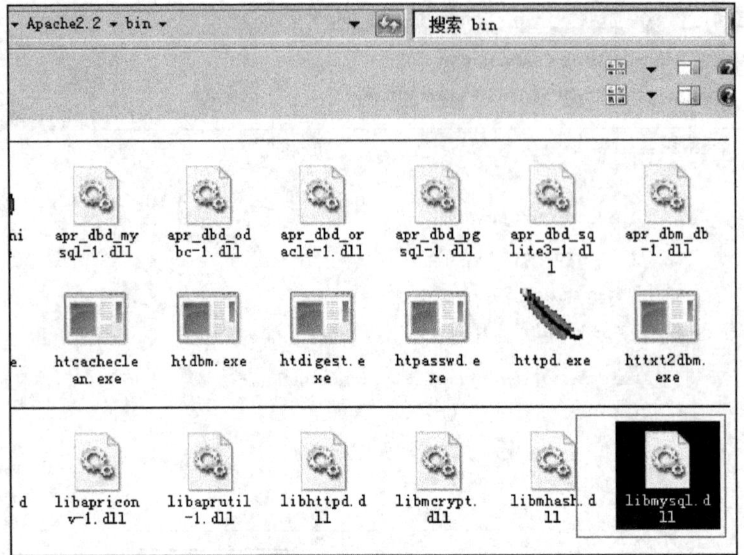

图 3-49　安置文件

打开 php.ini 文件，找到;extension=php_mysql.dll 文件，去掉分号，如图 3-50 所示。

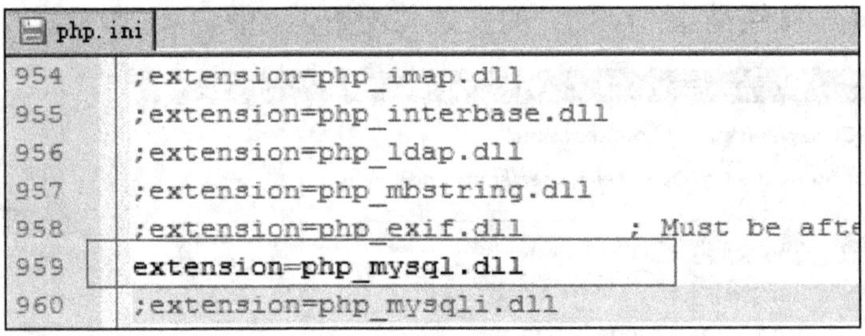

```
php.ini
;extension=php_imap.dll
;extension=php_interbase.dll
;extension=php_ldap.dll
;extension=php_mbstring.dll
;extension=php_exif.dll      ; Must be afte
extension=php_mysql.dll
;extension=php_mysqli.dll
```

图 3-50　开启 php_ mysql.dll 扩展

然后在 php.ini 找到 MySQL 的默认端口、主机、用户，如图 3-51 所示。

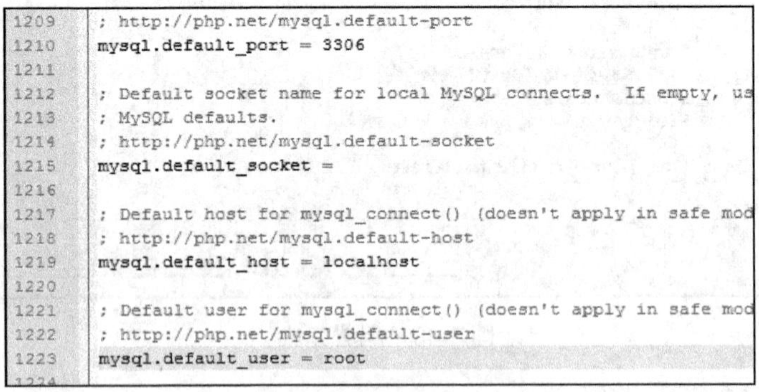

```
; http://php.net/mysql.default-port
mysql.default_port = 3306

; Default socket name for local MySQL connects.  If empty, us
; MySQL defaults.
; http://php.net/mysql.default-socket
mysql.default_socket =

; Default host for mysql_connect() (doesn't apply in safe mod
; http://php.net/mysql.default-host
mysql.default_host = localhost

; Default user for mysql_connect() (doesn't apply in safe mod
; http://php.net/mysql.default-user
mysql.default_user = root
```

图 3-51　配置默认设置

```
mysql.default_host=localhost
mysql.default_port=3306
mysql.default_user=root
```

保存，重启 Apache 即可。

在 D:\Apache2.2\htdocs 新建一个 test.php 文件，用记事本打开

```
<?php
$con = mysql _connect("localhost", "root", "123456") die('Could not connect');
echo "Connect success!";
?>
```

在浏览器地址栏测试：http://localhost/test.php，出现“Connect success!”表示安装成功。

2. LAMP 环境搭建

LAMP 环境是指 Linux+Apache+MySQL+PHP 相关环境的简称。LAMP 是非常流行的 Web 开发平台，它具有成本低廉、扩展能力好、部署量大、安全性高等优点，在未来相当长一段时间里，它会和其他竞争技术共存。

（1）软件包的获取

作者已经把软件包都放在了 root 家下，搭建顺序按照 Apache→MySQL→PHP 安装，这里的 Apache 和 PHP 是 rpm 包安装，MySQL 是绿色版安装，方便大家熟练多种安装方式，软件版本采用 httpd-2.2.11.tar、MySQL-standard-5.0.27-linux-i686-glibc23.tar、php-5.2.5.tar

（2）卸载系统默认安装的软件包

在安装 Linux 的时候，系统有可能会安装了低版本的 AMP 环境，在安装 LAMP 环境之前，需要将其卸载以免导致安装失败。

卸载 httpd，查找出包含 httpd 的 rpm 包，如图 3-52 所示。

```
[root@localhost root]# rpm -qa | grep httpd
```

```
[root@localhost root]# rpm -qa | grep httpd
httpd-manual-2.0.40-21
httpd-2.0.40-21
```

图 3-52　查找 httpd

用 rpm -e 参数删除有关 httpd 的文件。

```
[root@localhost root]# rpm -e httpd-manual
[root@localhost root]# rpm -e httpd
```

注意：如有提示 needed by 使用--nodeps 强制删除。

```
[root@localhost root]# rpm -e httpd --nodeps
```

卸载 mysqld：查找出包含 mysqld 的 rpm 包，如图 3-53 所示。

```
[root@localhost root]# rpm -qa | grep mysqld
```

```
[root@localhost root]# rpm -qa | grep mysqld
[root@localhost root]#
```

图 3-53　查找 MySQLd

作者这里并没有查找到有关 mysqld 的文件，所以不用删除。

卸载PHP：查找出包含PHP的rpm包，如图3-54所示。

```
[root@localhost root]# rpm -qa | grep php
```

```
[root@localhost root]# rpm -qa | grep php
php-ldap-4.2.2-17
php-imap-4.2.2-17
php-4.2.2-17
[root@localhost root]#
```

图3-54 查找PHP

用rpm -e 参数删除有关php的文件，如图3-55所示。

```
[root@localhost root]# rpm -e php
error: Failed dependencies:
        php = 4.2.2-17 is needed by (installed) php-imap-4.2.2-17
        php = 4.2.2-17 is needed by (installed) php-ldap-4.2.2-17
[root@localhost root]#
```

图3-55 删除PHP

可以看到这里出现提示，发现PHP依赖于其他文件，在命令后面加上--nodeps强制删除，如图3-56所示。

```
[root@localhost root]# rpm -e php --nodeps
[root@localhost root]# rpm -qa | grep php
php-ldap-4.2.2-17
php-imap-4.2.2-17
[root@localhost root]# rpm -e php-ldap
[root@localhost root]# rpm -e php-imap
[root@localhost root]# rpm -qa | grep php
[root@localhost root]#
```

图3-56 强制删除PHP有关的文件

（3）Apache编译安装步骤

解压httpd-2.2.11.tar

```
[root@localhost root]# tar -zxvf httpd-2.2.11
```

进入解压后的目录

```
[root@localhost root]# cd httpd-2.2.11
```

对httpd软件包进行配置，把apache安装到/usr/local/apache下，如图3-57所示。

```
[root@localhost httpd-2.2.11]# ./configure \          配置
> --prefix=/usr/local/apache \                         指定安装目录
>--enable-so                                           以动态模块形式安装
```

```
[root@localhost httpd-2.2.11]# ./configure \
> --prefix=/usr/local/apache \
> --enable-so
```

图3-57 rpm包配置

对httpd软件包进行编译。

```
[root@localhost root]# make
```

对http软件包进行安装，只有执行完make install这步之后，软件才真正安装到系统中。

```
[root@localhost root]# make install
```

启动Apache服务

```
[root@localhost root]# /usr/local/apache/bin/apachectl start
```

在图形界面用浏览器访问 localhost 进行测试，如图 3-58 所示。

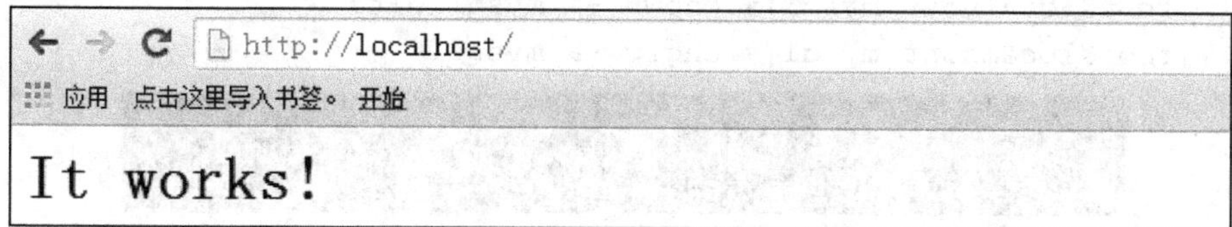

图 3-58　Apache 安装成功

（4）MySQL 安装步骤

MySQL 的安装和上面的安装有些不同，因为 MySQL 是绿色版，不需要编译，但是需要配置。

先解压文件。

```
[root@localhost root]# tar -zxvf MySQL-standard-5.0.27-linux-i686- glibc23.
tar.gz
```

将解压出来的文件夹复制到/usr/local/mysql，如图 3-59 所示。

```
[root@localhostroot]# cp -vRp MySQL-standard-5.0.27-linux-i686-gl
ibc23 /usr/local/MySQL
```

```
[root@localhost root]# cp -vRp mysql-standard-5.0.27-linux-i686-glibc23 /usr/local/mysql
```

图 3-59　复制整个文件夹

进入到 MySQL 目录。

```
[root@localhost root]# cd /usr/local/MySQL/
```

添加 MySQL 用户组，如图 3-60 所示。

```
[root@localhost MySQL]# groupadd MySQL
```

```
[root@localhost mysql]# groupadd mysql
```

图 3-60　新增 MySQL 组

在 MySQL 组中添加 MySQL 用户，如图 3-61 所示。

```
[root@localhost MySQL]# useradd -g MySQL MySQL
```

```
[root@localhost mysql]# useradd -g mysql mysql
```

图 3-61　新增 MySQL 用户到 MySQL 组

为 MySQL 数据库初始化信息并查看，如图 3-62 所示。

```
[root@localhost MySQL]# scripts/MySQL_install_db --user=MySQL
```

使用 ls 命令查看 data/MySQL 目录下是否有文件，有就代表初始化成功。

```
[root@localhost mysql]# scripts/mysql_install_db --user=mysql
[root@localhost mysql]# ls data/mysql/
columns_priv.frm    help_relation.MYI   time_zone_leap_second.frm
columns_priv.MYD    help_topic.frm      time_zone_leap_second.MYD
```

图 3-62　初始化数据库

更改文件权限（注意“.”代表当前目录，也就是/usr/local/mysql），如图 3-63 所示。

```
[root@localhost mysql]# chown -R root .
[root@localhost mysql]# chown -R mysql data
[root@localhost mysql]# chgrp -R mysql.
```

```
[root@localhost mysql]# chown -R root .
[root@localhost mysql]# chown -R mysql data
[root@localhost mysql]# chgrp -R mysql .
```

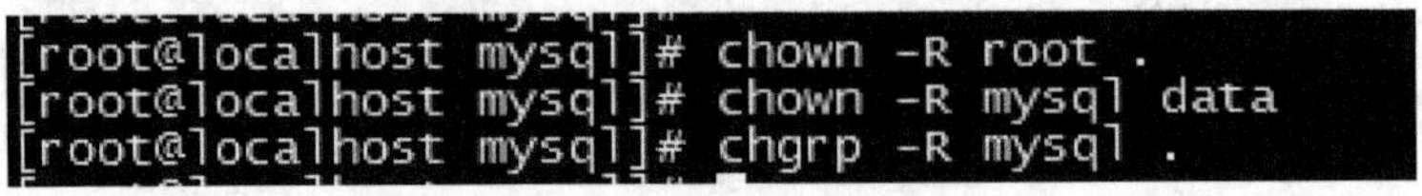

图 3-63 改变文件权限

启动 MySQL（执行完后按 Enter 键），并测试是否可以运行，如图 3-64 所示。

```
[root@localhost mysql]# bin/ mysql d_safe --user= mysql &
```

```
[root@localhost mysql]# bin/mysqld_safe --user=mysql &
```

图 3-64 启动 mysql

```
[root@localhost mysql]# bin/ mysql -u root
```

进入 MUSQL，如图 3-65 所示。

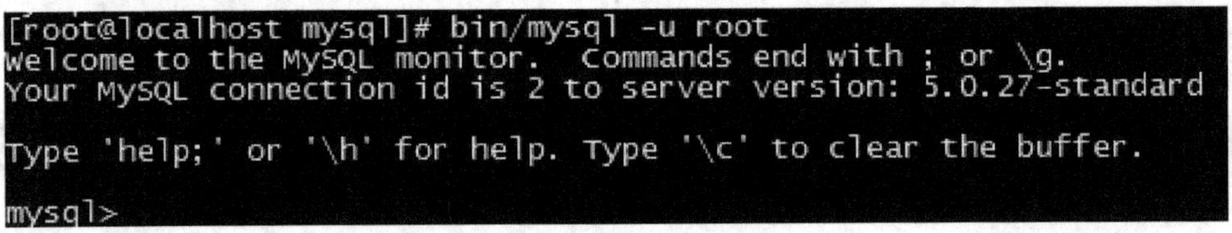

```
[root@localhost mysql]# bin/mysql -u root
Welcome to the MySQL monitor.  Commands end with ; or \g.
Your MySQL connection id is 2 to server version: 5.0.27-standard

Type 'help;' or '\h' for help. Type '\c' to clear the buffer.

mysql>
```

图 3-65 进入 MySQL

默认安装完登录 MySQL 是空密码，这样并不安全，为 MySQL 配置密码 123456，如图 3-66 所示。

```
mysql > set password for 'root'@'localhost'=password('123456');
Query OK,  0 rows affected (0.00 sec)
```

```
mysql> set password for 'root'@'localhost'=password('123456');
Query OK, 0 rows affected (0.00 sec)
```

图 3-66 设置 MySQL 的密码

（5）PHP 编译安装步骤

PHP 和 Apache 的安装方式都是一样的。

回到 root 解压 php-5.2.5.tar

```
[root@localhost root]# tar -zxvf php-5.2.5.tar.gz
```

进入解压后的目录

```
[root@localhost root]# cd php-5.2.5
```

使用./configure 进行配置，把 php 安装到/usr/local/php 下，如图 3-67 所示。

```
[root@localhost php-5.2.5]# ./configure \
> --prefix=/usr/local/php \                       安装路径
> --with-apxs2=/usr/local/apache/bin/apxs \       关联 apache
>--with-MySQL=/usr/local/MySQL                    关联 MySQL
```

```
[root@localhost php-5.2.5]# ./configure \
> --prefix=/usr/local/php \
> --with-apxs2=/usr/local/apache/bin/apxs \
> --with-mysql=/usr/local/mysql
```

图 3-67　PHP 配置

PHP 编译：

```
[root@localhost root]# make
```

PHP 安装：

```
[root@localhost root]# make install
```

（6）整合环境

确认 PHP 正确安装后，以模块形式载入至 Apache 中，如图 3-68 所示。

```
[root@localhost root]# vi /usr/local/apache/conf/httpd.conf
```

查找 LoadModule php_module modules/libphp5.so 是否加载。

```
# LoadModule foo_module modules/mod_foo.so
LoadModule php5_module        modules/libphp5.so
```

图 3-68　httpd.conf

在/usr/local/apache/htdocs 下，创建 index.php

```
[root@localhost root]# vi /usr/local/apache/htdocs/index.php
```

编写测试代码，保存，如图 3-69 所示。

```
<?php
        phpinfo();
?>
```

图 3-69　index.php

测试文件，发现源码输出 PHP 文件，如图 3-70 所示。

```
localhost/index.php
应用  点击这里导入书签。 开始
<?php
        phpinfo();
?>
```

图 3-70　源码输出

Apache 没有正确解析 PHP 文件类型，添加 AddType，最好和其他 AddType 写在一起，方便阅读，如图 3-71 所示。

在 Apache 配置文件中添加 AddType。

```
[root@localhost root]# vi /usr/local/apache/conf/httpd.conf
```

```
#
AddType application/x-compress .Z
AddType application/x-gzip .gz .tgz
AddType application/x-httpd-php .php
```

图 3-71　httpd.conf

重启 Apache，并重新访问，如图 3-72 所示。

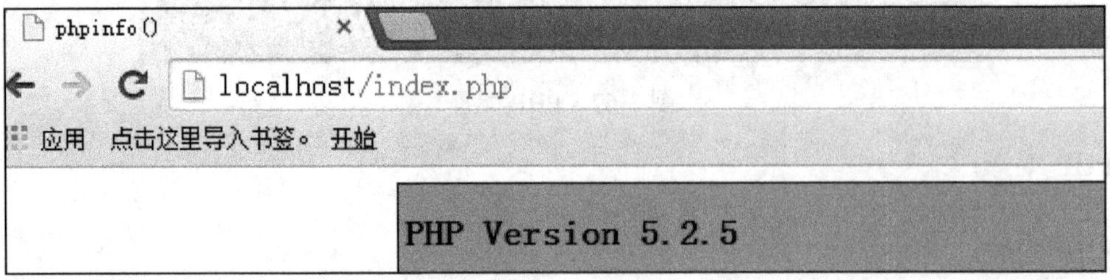

phpinfo()

localhost/index.php

应用 点击这里导入书签。 开始

PHP Version 5.2.5

图 3-72 访问成功

查看 PHP 配置文件，如图 3-73 所示。

Configuration File (php.ini) Path	/usr/local/php/lib
Loaded Configuration File	(none)

图 3-73 缺少 php.ini

可以看出，加载 PHP 配置文件时，会在/usr/local/php/lib 目录下加载，由于现在没有这个文件，所以没有加载成功。

为了解决这一问题，将源码包中的 php.ini-dist 配置文件副本复制到 /usr/local/php/lib 下，如图 3-74 所示。

[root@localhost php-5.2.5]#cp php.ini-dist /usr/local/php/lib/php.ini

```
[root@localhost php-5.2.5]# cp php.ini-dist /usr/local/php/lib/php.ini
```

图 3-74 复制并重命名为 php.ini

重启 Apache，再重新访问，如图 3-75 所示。

Configuration File (php.ini) Path	/usr/local/php/lib
Loaded Configuration File	/usr/local/php/lib/php.ini

图 3-75 成功加载 php.ini

配置 Apache 与 MySQL 的开机自动启动，编辑 rc.local 文件，如图 3-76 所示。

```
[root@localhost root]# vi /etc/rc.d/rc.local
```

图 3-76 开机自动启动

图书管理系统开发环境的搭建，针对初学者有较便捷的方法，使用一键安装包 WampServer，集成了 Apache 网络服务器、MySQL 数据库管理系统和 PHP 脚本，无需配置非常方便使用，不像文中所介绍的那样步骤烦琐，配置也较复杂。那读者会问，这

两者有何区别。其实这两个方式从结果上来看没有太多区别，在开发环境中使用绿色集成环境较好，无需配置，也便于携带至不同的硬件环境中进行测试；在运行环境中比较建议使用原始安装，因为安装时，服务类软件都会根据环境做一些自定义安装，以使软件能发挥最大的效能。

在学习中还是建议读者学习和练习这两种安装方式。

本任务完成后，维护设计阶段项目进度为43%，自动计算总项目完成率为16%，如图3-77所示。

任务名称	工期	开始时间	完成时间	前置任务	资源名称	完成百分比
图书管理系统	**61 个工作日**	**2014年5月6日**	**2014年7月29日**		**项目经理**	**16%**
需求阶段	**11 个工作日**	**2014年5月6日**	**2014年5月20日**		**规划组**	**100%**
需求分析	5 个工作日	2014年5月6日	2014年5月12日		规划成员	100%
需求文档	3 个工作日	2014年5月13日	2014年5月15日	3	规划成员	100%
需求审核	2 个工作日	2014年5月16日	2014年5月19日	4	规划组长	100%
需求文档确认	1 个工作日	2014年5月20日	2014年5月20日	5	规划组长	100%
设计阶段	**13 个工作日**	**2014年5月21日**	**2014年6月6日**		**开发组**	**43%**
开发环境搭建	1 个工作日	2014年5月21日	2014年5月21日		开发组	100%
设计文档	5 个工作日	2014年5月21日	2014年5月27日	6	开发组员	100%
图书管理系统建模	3 个工作日	2014年5月28日	2014年5月30日	9	开发组员	0%
图书管理系统数据库设计	5 个工作日	2014年6月2日	2014年6月6日	10	开发组员	0%
开发阶段	**20 个工作日**	**2014年6月9日**	**2014年7月4日**		**开发组**	**0%**
测试阶段	**21 个工作日**	**2014年6月16日**	**2014年7月14日**		**规划组长**	**0%**
验收阶段	**11 个工作日**	**2014年7月15日**	**2014年7月29日**		**项目经理**	**0%**

图3-77 图书管理系统开发环境搭建阶段

将本任务的要点填在图3-78中。

图3-78 任务三要点回顾

1）Apache 服务器的作用是什么？

2）MySQL 数据库管理系统的作用是什么？

3）Apache 服务器的配置文件是什么？

4）PHP 的配置文件是什么？

任务四

图书管理系统数据库设计与实现

引言：

图书馆到底有多少本书？图书馆应该有多少种分类？现在有多少借阅者？哪些书的借阅率很高？

你并不一定拥有你需要的数据。在真正使用数据之前首先需要创建数据，有时需要创建数据库来保存那些数据。另外有时必须创建数据库来保存需要在使用之前先行创建的数据。是不是有些糊涂了？

首先需要创建数据库来保存那些数据，另外有时必须创建数据库来保存需要在使用之前先行创建的数据。是不是有些茫然？那学习完这一章就会完全明白，准备好来学习如何创建自己的数据库和数据库表。

学习目标

1）了解数据建模与设计。

2）掌握数据库设计。

子任务一 设计图书管理系统数据库

1. 数据库设计的重要地位

数据库的重要地位也决定着数据库设计是项目开发中最为关键的任务，一个良好的数据库应该可以满足图 4-1 所示的特点。

数据库设计的主要目的是为了将现实世界中的事物及联系用数据模型描述，即信息数据化。

很多人在进行数据库设计的时候，喜欢使用Word文档的格式设计好数据库结构以后，再进行物理数据库的创建；而真正使用数据库建模工具进行数据库设计的就很少了。如果询问那些不愿意使用数据库建模工具的人为什么的话，他们一般会给下面几个答案。

1）数据库结构不复杂，没必要使用建模工具。

2）建模工具使用起来比较麻烦，不现实。

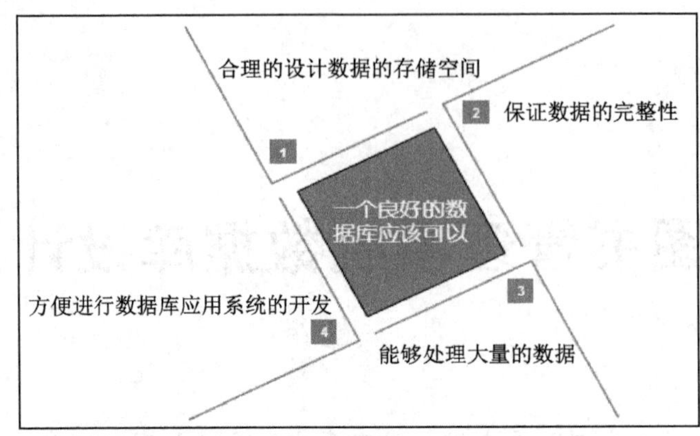

图 4-1　良好数据库具备的特点

3）我们公司有专门的数据库文档格式，恐怕建模工具没法生成合适的文档。

对于以上答案，个人认为是因为对建模工具的误解造成的。

为什么要建立数据库模型？有以下几个原因。

1）数据库强制业务规则。建立模型迫使你为业务规则提供稳定；建立模型让你决定数据库如何强制业务规则。

2）识别重要的事物，及早识别潜在的瓶颈。

3）设计更高性能的重要的事物，降低维护费用，数据库结构已归档。

4）决定及权衡取舍已归档。

5）数据库满足业务需求。

一些人认为，使用建模工具必须进行复杂的数据分析等工作，其实这是个误解；数据库建模工具当然有一部分这个能力，但不是重要的，甚至不是必需的。完全可以把目光集中在数据库的设计上，只需建立起各个实体及它们的关系，这个工作就算完成了，建立实体时，实体的属性就是表的各个字段，实体之间的关系就是表与表之间的关系，这个过程的字符输入量绝不大于使用 Word 的输入量；而且，当对建模工具像对 Word 一样熟练以后，这个过程所花费的时间还要小于用 Word 设计数据库的时间。更重要的是，只要这一步完成，就可以直接生成创建数据库的 SQL 代码，或者让建模工具和数据库建立连接，这样就可以随时通过更改实体及它们之间的关系来直接更改数据库结构了。而传统的使用 Word 的方式，必须在建立数据库时，把字段名称和类型重新再敲上一遍，而且为了保证这个过程建立的数据库和原来用 Word 设计的数据库结构的一致性，必须付出额外的劳动。更糟的是，如果改变了数据库，比如从 SQL Server 换成了 Oracle，恐怕花费的精力就更多了。而数据库建模工具就没有这个缺点，应为它是和数据库平台无关的，所以可以简单地移植到不同的数据库平台。

而且，数据库建模工具大部分都是图形界面的，这更有利于实体关系的建立，至少比文字方式要直观、简练，现在建立一个主外键之间的关系只需托放一个控件，再做几下选择就可以了。

数据库建模工具还支持强大的数据导出功能，能够生成完全自定义格式的超文本或 Word 文档，可以满足想要的输出格式，而且这个操作也不复杂，可以这么说，至少常见的数据文档格式，使用 PowerDesigner 都可以导出。

还有更想不到的好处，现在很多数据库建模工具都支持代码生成功能，可以生成一些基本的数据操作代码，而且支持多种语言，比如 PowerDesigner 就支持.net、java、pb、delphi 等各种语言。

想象一下，只需付出比用 Word 设计数据库结构更少的精力和时间，就可以得到跨平台、一致性好、图形界面、格式自由还外带代码生成功能的超级便利，为什么还不用它呢？

2. 设计图书管理系统概念模型

概念模型设计既是设计阶段的主要任务，同时是设计数据库的实体—关系（E-R）模型图，确认需求信息的正确和完整。E-R 模型图使用实体和关系来模拟现实世界。

实体：数据库实体就是数据库管理系统中的不同管理对象。数据库管理系统中的各种用于数据管理方便而设定的各种数据管理对象，如：数据库表、视图、存储过程等都是数据库实体。

属性：实体中的字段。

主键：表中经常有一个列或列的组合，其值能唯一地标识表中的每一行。

开始采用 PowerDesigner 建模。

第一步：建立新模型，如图 4-2 所示。

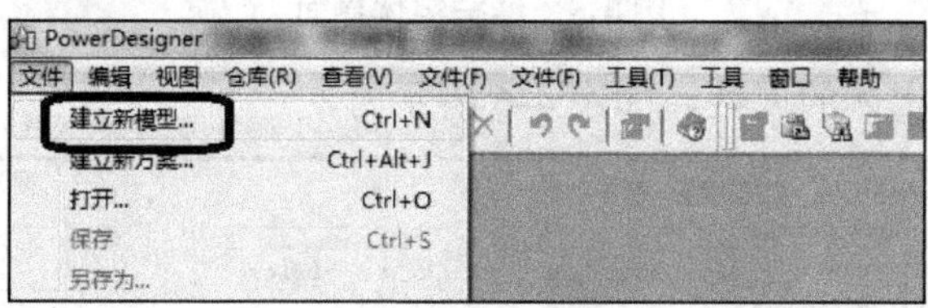

图 4-2　建立新模型

第二步：选择 Conceptual Data Mode，即概念模型，并输入模型名称，如图 4-3 所示。

第三步：选择实体工具和关系工具按钮选项，即概念模型，如图 4-4 所示。

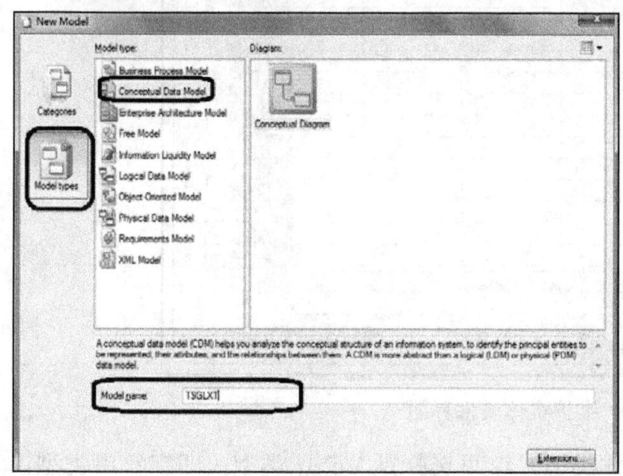

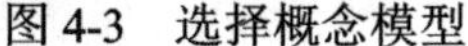

图 4-3　选择概念模型　　图 4-4　实体工具和关系图工具

第四步：维护实体的名称，如图 4-5 所示。

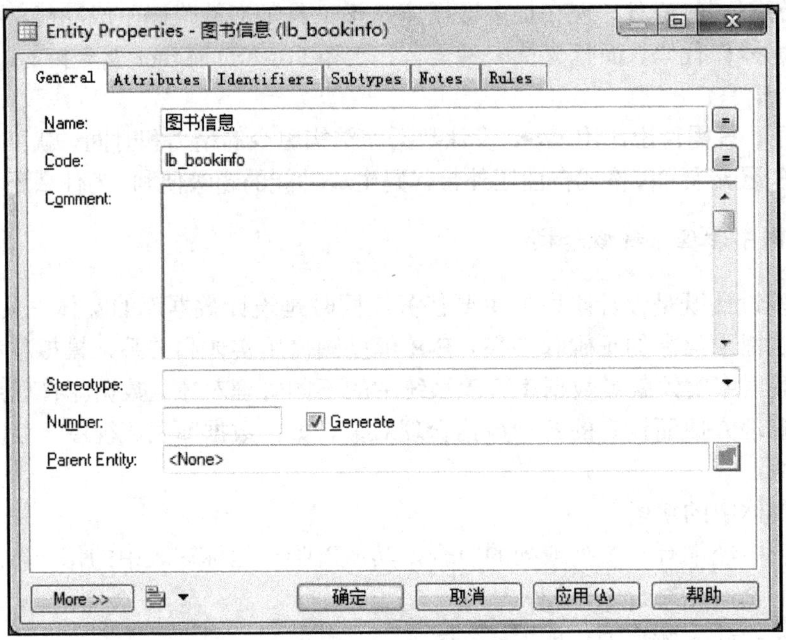

图 4-5　维护实体界面

第五步：维护实体的属性，如图 4-6 所示。

图 4-6　维护实体属性界面

第六步：维护实体的属性的具体类型，这里选择是 Vchar 类型，即字符串类型，并设置长度，如图 4-7 所示。

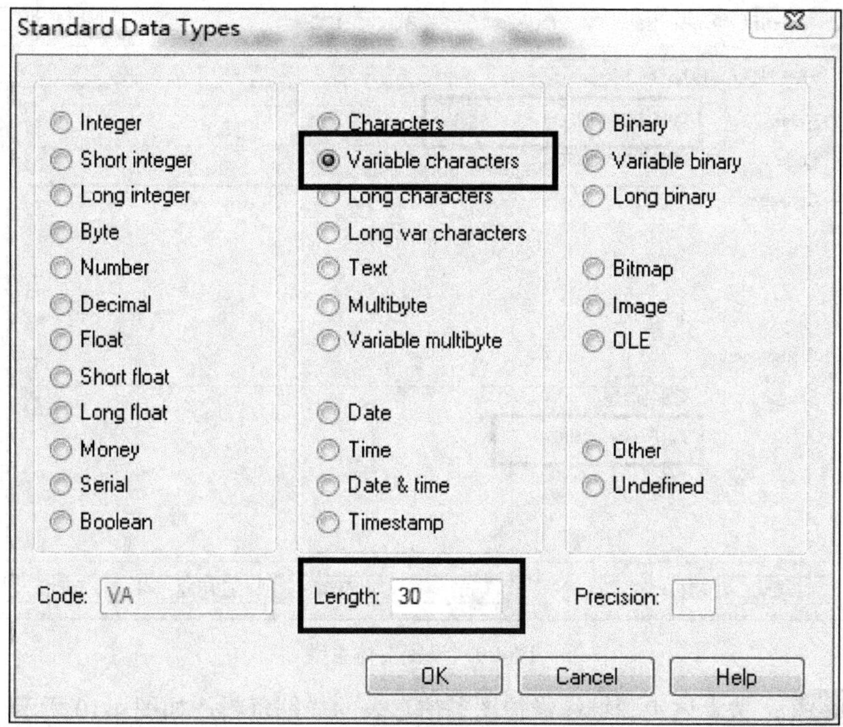

图 4-7　维护实体属性具体类型

第七步：设置实体的主键，如图 4-8 和图 4-9 所示。

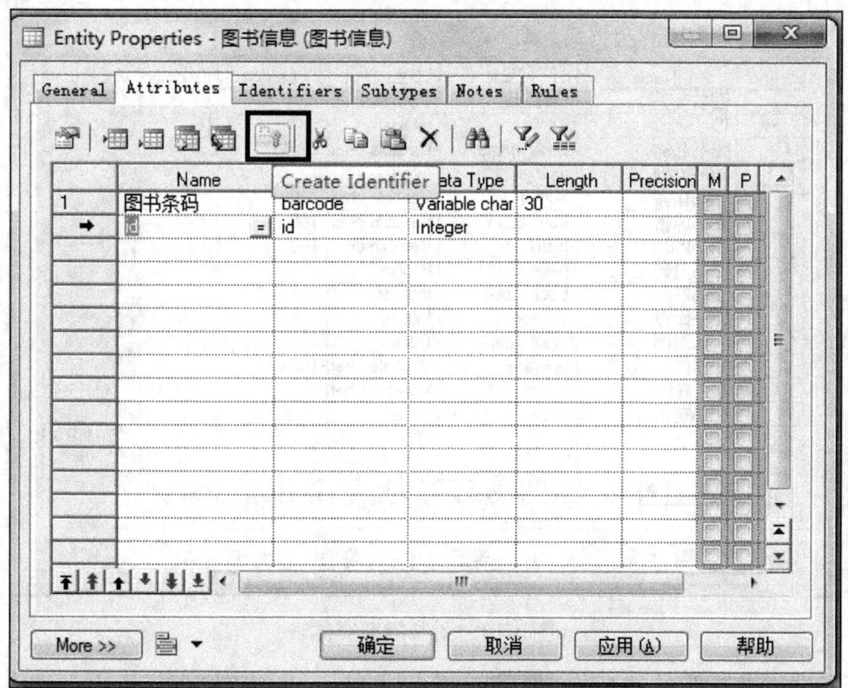

图 4-8　设置实体主键

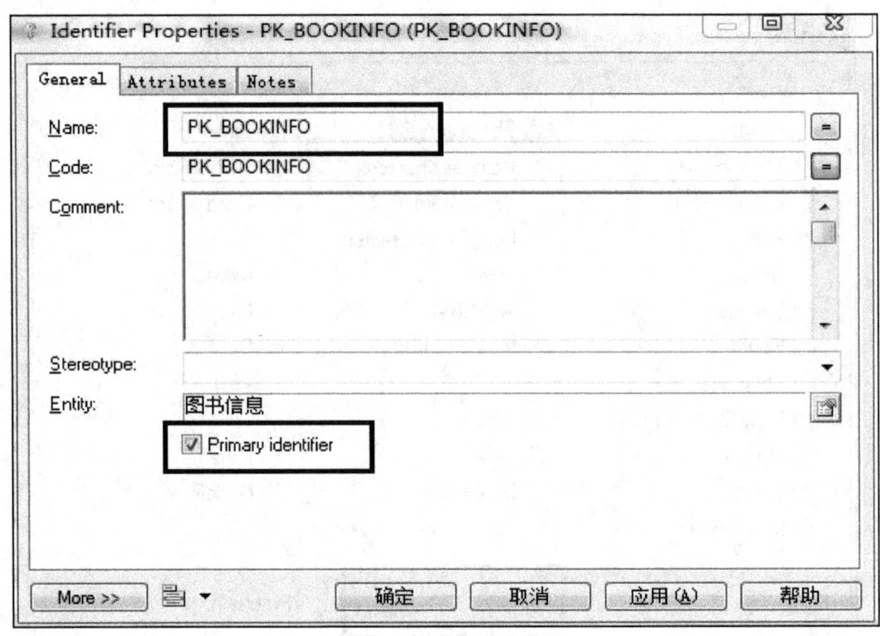

图 4-9 设置实体主键

第八步：按上述步骤继续维护图书信息表的详细资料，如图 4-10 所示。

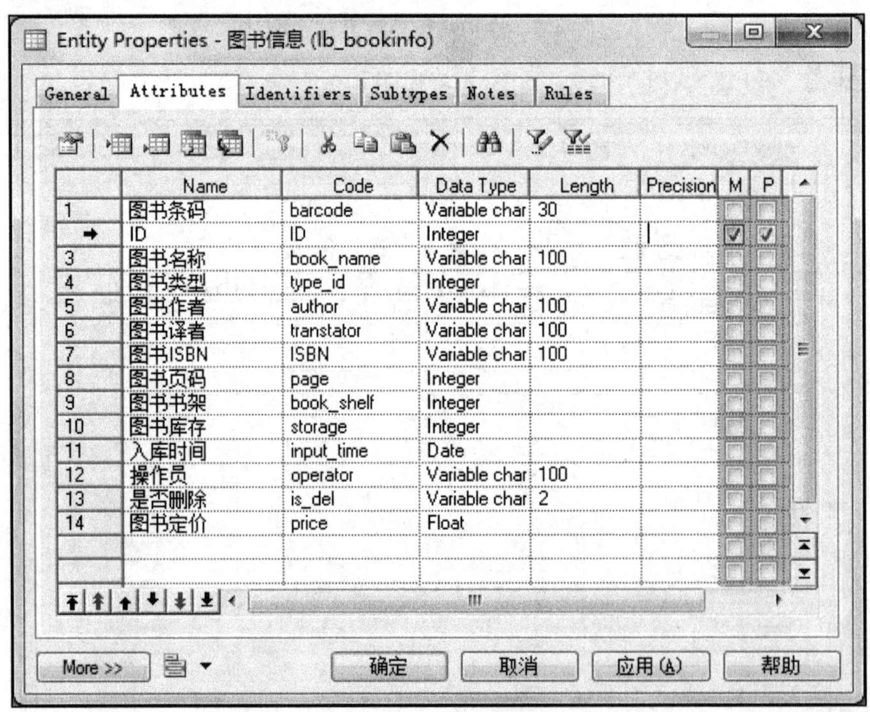

	Name	Code	Data Type	Length	Precision	M	P
1	图书条码	barcode	Variable char	30			
→	ID	ID	Integer			☑	☑
3	图书名称	book_name	Variable char	100			
4	图书类型	type_id	Integer				
5	图书作者	author	Variable char	100			
6	图书译者	transtator	Variable char	100			
7	图书ISBN	ISBN	Variable char	100			
8	图书页码	page	Integer				
9	图书书架	book_shelf	Integer				
10	图书库存	storage	Integer				
11	入库时间	input_time	Date				
12	操作员	operator	Variable char	100			
13	是否删除	is_del	Variable char	2			
14	图书定价	price	Float				

图 4-10 图书信息实体表

最后单击“确定”按钮后完成了第一个图书信息的初始模型，依次类推完成其他模型图。

子任务二　实现图书管理系统数据库

1. 选取 MySQL

MySQL 数据库自身有创建数据库、数据表的窗口，如图 4-11 和图 4-12 所示。输入安装的时候设置的默认密码 123456，然后输入命令：show databases，列出已存在的数据库，接着输入：use library，选定使用的数据库，最后输入：show tables from library，列出该数据库下表结构。这种以命令的形式进行数据库管理有它的不方便，因此常用图形化工具进行数据库的管理，例如 phpMyAdmin 管理工具。

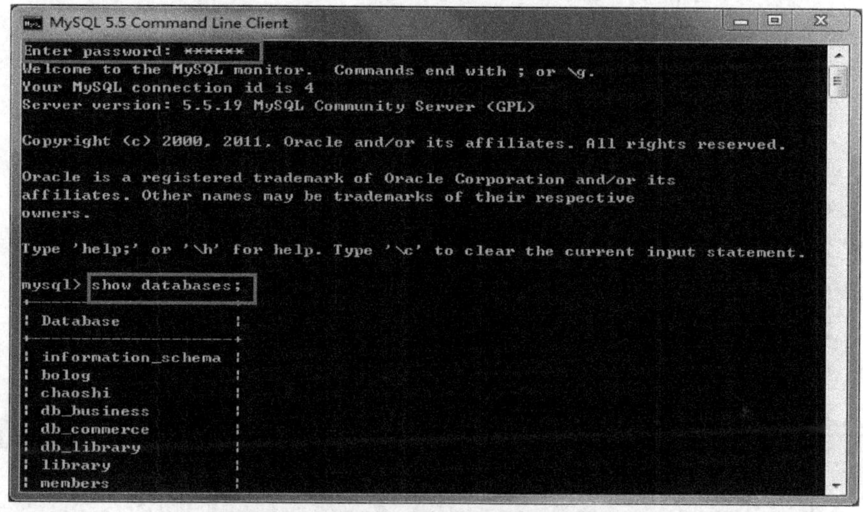

图 4-11　MySQL 的自带工具

```
mysql> use library
Database changed
mysql> show tables from library;
+--------------------+
| Tables_in_library |
+--------------------+
| lb_book           |
| lb_borrow         |
| lb_language       |
| lb_manager        |
| lb_typeone        |
| lb_typetwo        |
| lb_userinfo       |
| v_borrow          |
+--------------------+
8 rows in set (0.15 sec)

mysql>
```

图 4-12　MySQL 的命令工具

2. 采用 phpMyAdmin 数据库管理工具进行管理

1）将 phpMyAdmin 这个文件夹复制到 Apache 的文档发布目录 htdocs 下。

2）在浏览器输入：http://localhost/phpmyadmin/，弹出下面界面，如图 4-13 所示。输入用户名：root，密码 123456，单击“执行”按钮进入数据库管理界面，数据库管理界面分为三大模块，在左边显示的是已经创建的数据库，顶端是工具栏，中间则是操作内容区域，如图 4-14 所示。

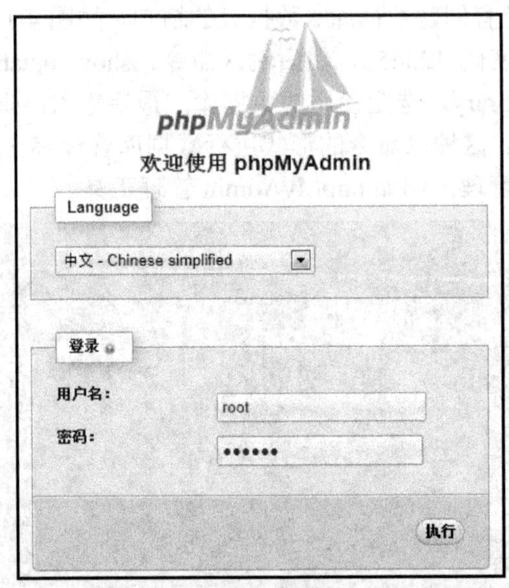

图 4-13　phpMyAdmin 管理工具

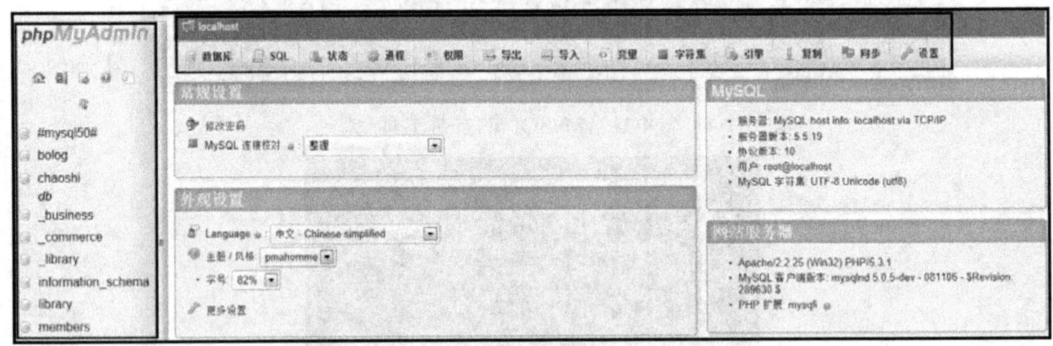

图 4-14　phpMyAdmin 界面

3. 创建图书管理数据库

1）单击工具栏“数据库”按钮，新建图书管理系统数据库，输入数据库名：library，如图 4-15 所示。

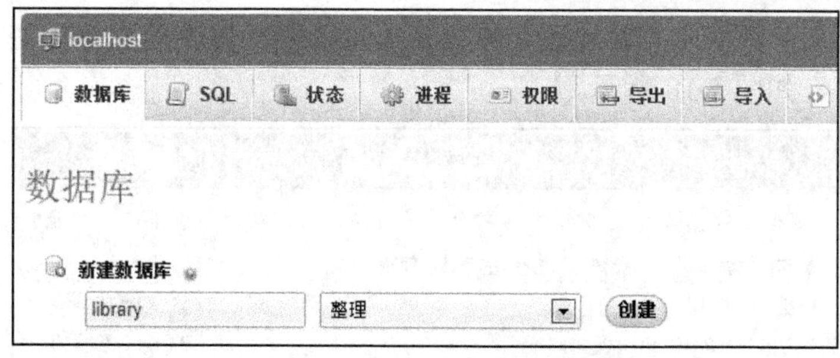

图 4-15　phpMyAdmin 新建数据库

2）选择 library 数据库，然后在该数据库下新建图书表：lb_book，该表用来存储图书的详细信息，如图 4-16 所示。

localhost ▸ library ▸ lb_book

浏览　结构　SQL　搜索　插入　导出　导入　操作

#	字段	类型	整理	属性	空	默认	额外	操作
1	id	int(11)			否	无	AUTO_INCREMENT	修改 删除 更多
2	ISBN	varchar(35)	utf8_bin		否	无		修改 删除 更多
3	bookname	varchar(50)	utf8_bin		否	无		修改 删除 更多
4	writer	varchar(20)	utf8_bin		否	无		修改 删除 更多
5	language	int(11)			否	无		修改 删除 更多
6	science	varchar(100)	utf8_bin		否	无		修改 删除 更多
7	type	int(11)			否	无		修改 删除 更多
8	collection	int(11)			否	无		修改 删除 更多
9	price	decimal(6,2)			否	0.00		修改 删除 更多
10	sellyear	varchar(10)	utf8_bin		否	无		修改 删除 更多
11	status	char(1)	utf8_bin		否	无		修改 删除 更多
12	brief	text	utf8_bin		否	无		修改 删除 更多
13	photo	varchar(100)	utf8_bin		否			修改 删除 更多
14	photo_thumb	varchar(100)	utf8_bin		否			修改 删除 更多
15	ps	varchar(200)	utf8_bin		否	无		修改 删除 更多

图 4-16　图书表

3）选择 library 数据库，新建借还书表：lb_borrow，该表用来存储图书的借还记录，如图 4-17 所示。

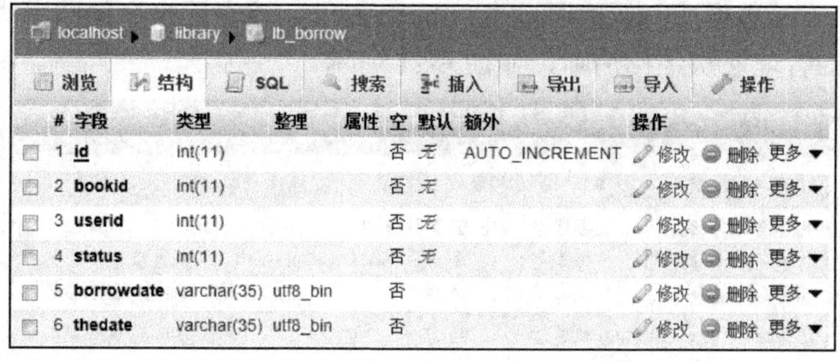

localhost ▸ library ▸ lb_borrow

浏览　结构　SQL　搜索　插入　导出　导入　操作

#	字段	类型	整理	属性	空	默认	额外	操作
1	id	int(11)			否	无	AUTO_INCREMENT	修改 删除 更多
2	bookid	int(11)			否	无		修改 删除 更多
3	userid	int(11)			否	无		修改 删除 更多
4	status	int(11)			否	无		修改 删除 更多
5	borrowdate	varchar(35)	utf8_bin		否			修改 删除 更多
6	thedate	varchar(35)	utf8_bin		否			修改 删除 更多

图 4-17　借还书表

4）选择 library 数据库，新建语言表：lb_language，该表用来存储图书的语种，例如英文、中文等，如图 4-18 所示。

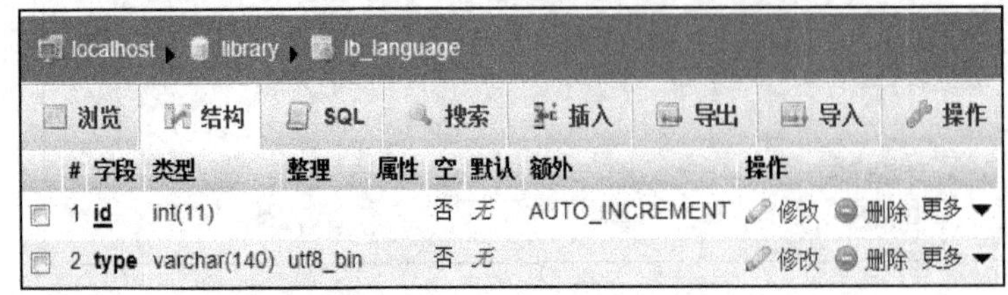

图 4-18　语言表

5）选择 library 数据库，新建语言表：lb_manager，该表用来设置后台管理员，用于图书馆长等人的操作，如图 4-19 所示。

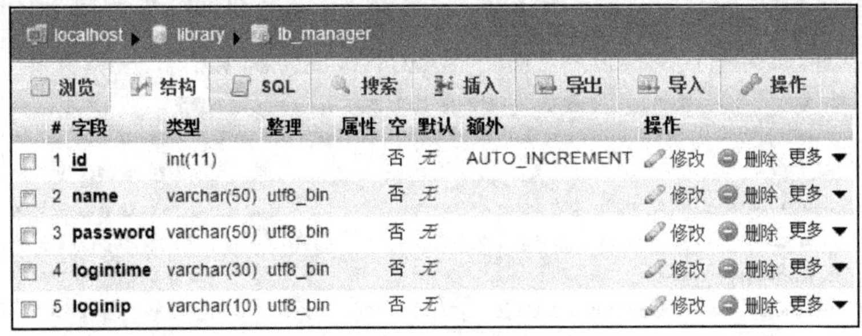

图 4-19　后台管理员表

6）选择 library 数据库，新建语言表：lb_typeone，该表用来存储图书的分类，让图书的管理条目清晰，如图 4-20 所示。

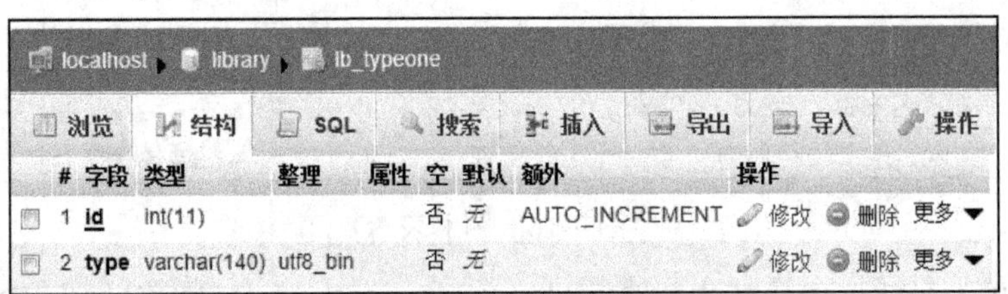

图 4-20　图书大分类

7）选择 library 数据库，新建语言表：lb_typetwo，该表用来存储图书大分类下的细分类，让图书的管理层次结构清晰，如图 4-21 所示。

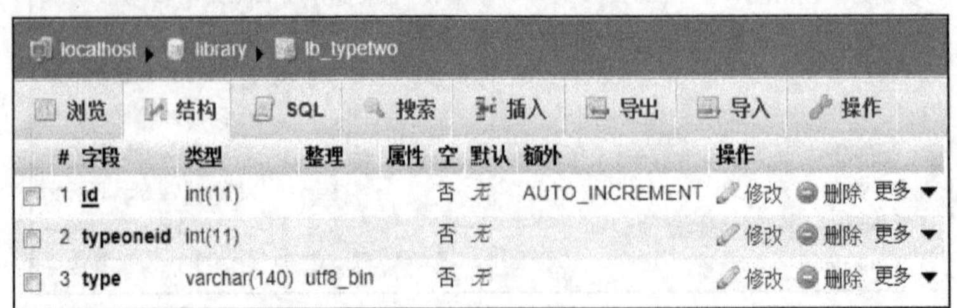

图 4-21　图书细分类

8）选择 library 数据库，新建语言表：lb_userinfo，该表用来存储借书人的信息，如图 4-22 所示。

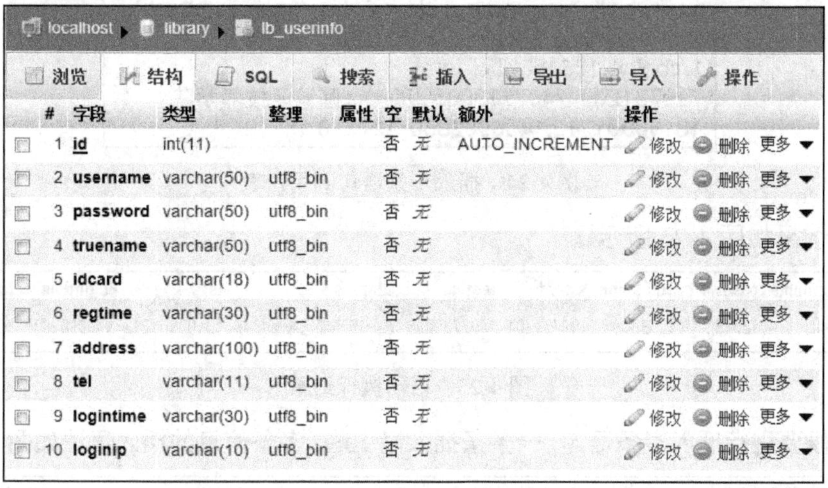

localhost ▸ library ▸ lb_userinfo

浏览　结构　SQL　搜索　插入　导出　导入　操作

#	字段	类型	整理	属性	空	默认	额外	操作
1	id	int(11)			否	无	AUTO_INCREMENT	修改 删除 更多
2	username	varchar(50)	utf8_bin		否	无		修改 删除 更多
3	password	varchar(50)	utf8_bin		否	无		修改 删除 更多
4	truename	varchar(50)	utf8_bin		否	无		修改 删除 更多
5	idcard	varchar(18)	utf8_bin		否	无		修改 删除 更多
6	regtime	varchar(30)	utf8_bin		否	无		修改 删除 更多
7	address	varchar(100)	utf8_bin		否	无		修改 删除 更多
8	tel	varchar(11)	utf8_bin		否	无		修改 删除 更多
9	logintime	varchar(30)	utf8_bin		否	无		修改 删除 更多
10	loginip	varchar(10)	utf8_bin		否	无		修改 删除 更多

图 4-22　用户表

子任务三　使用 SQL 命令操作图书管理系统数据库

1. 为图书管理系统建立基础测试数据

1）插入语句 INSERT INTO，具体语法格式如图 4-23 所示。

```
INSERT INTO `lb_userinfo`(`id`, `username`, `password`, `truename`, `idcard`,
`regtime`, `address`, `tel`, `logintime`, `loginip`) VALUES ([value-1],[value-
2],[value-3],[value-4],[value-5],[value-6],[value-7],[value-8],[value-9],[value-10])
```

图 4-23　插入语法

说明：lb_userinfo 是刚才建立的读者用户表，大家看到表名用一对反引号（``）括住，这个反引号可以要，也可以不要。但是，使用反引号比较规范，防止表名和数据库自身的关键字重名而引起冲突，包括后面字段也有用到反引号的，也是此用处。

(`id`，`username`，`password`，`truename`，`idcard`，`regtime`，`address`，`tel`，`logintime`，`loginip`)

这是读者用户表的字段名。

Values 字句如下。

VALUES ([value-1]，[value-2]，[value-3]，[value-4]，[value-5]，[value-6]，[value-7]，[value-8]，[value-9]，[value-10])

各列要插入的数据，数据的顺序要和字段的顺序保持一致，数据类型也要一致，如

图 4-24 所示。

```
INSERT INTO `lb_userinfo`(`id`, `username`,
`password`, `truename`, `idcard`, `regtime`, `address`,
`tel`, `logintime`, `loginip`) VALUES
(1,'cooky','123456','欧阳木木
',799731204,'1407739005','惠州市惠城区技师学院
',13190901212,1408982830,'127.0.0.1')
```

图 4-24 插入一条语句到用户表

执行结果如图 4-25 所示。

id	username	password	truename	idcard	regtime	address	tel	logintime	loginip
1	cooky	123456	欧阳木木	799731204	1407739005	惠州市惠城区技师学院	13190901212	1408982830	127.0.0.1

图 4-25 语句执行结果

有时候要进行插入多条语句，一条条插入慢了些，多条信息的插入语法如图 4-26 所示。

```
INSERT INTO `userinfo`(`id`, `name`, `pwd`, `img`, `sex`, `birthday`, `qq`, `tel`, `like`)
VALUES
 (2,'张三','123456',null,'男','1995-1-1',1232321,13702285921,'书'),
 (3,'李四','123456',null,'女','1995-1-1',1232322,13702285920,'唱歌'),
 (4,'王五','123456',null,'男','1995-1-1',1232323,13702285923,'羽毛球'),
 (5,'赵六','123456',null,'女','1995-1-1',1232324,13702285924,'书')
```

图 4-26 插入多行数据

注意细节，VALUES 后面是显示多条数据，每一条数据后用逗号分隔，很多学生容易犯的语法错误是每一条数据前有一个 VALUES，导致插入不成功。

2）删除语句 DELETE FROM，具体语法格式如图 4-27 所示。

图 4-27 删除数据

删除语句比较简单，但是需要非常慎重，要注意 WHERE 条件的编写，如果没有写条件或者是写成 WHERE 1，代表全部删除。

3）修改/更新语句 UPDATE SET。有时候用户输入完个人信息保存后还想修改，那是删除原来的重新维护呢还是在原来的基础上修改呢？当然是在原来的基础上修改，这里将用到更新语句，语法格式如图 4-28 所示。

更新语句也要注意的是多个字段需要更新，用逗号分隔；另外 WHERE 条件的编写，如果没有 WHERE 条件或者直接 WHERE 1，那将更新掉所有的信息。避免发生数据“毁灭”的灾难，在写更新语句时，一定要慎重检查 WHERE 条件。

图 4-28　更新数据

4）查询语句 SELECT FROM。使用数据库和表的主要目的是存储数据以便在需要时进行检索、统计或者输出，通过 SQL 语句可以方便地从表中检索数据。

查询数据可以根据需要筛选一些信息显示处理，也可以用通配符“*”来显示表中所有信息，如图 4-29 和图 4-30 所示。

```
SELECT `id`, `username`, `password`, `truename`,
`idcard`, `regtime`, `address`, `tel`, `logintime`,
`loginip` FROM `lb_userinfo` WHERE 1
```

图 4-29　查询具体数据

```
SELECT * FROM `lb_userinfo` WHERE 1
```

图 4-30　查询所有数据

如果仅仅只是列出数据表的信息，上面的语句已满足了，非常简单。不过有时候期望它能有多一些的功能，例如想查看新添加的读者有哪些，这个就需要将查询出来的数据进行排序，那在 SQL 加上 ORDER BY 就可以了，如图 4-31 所示，结果如图 4-32 所示。

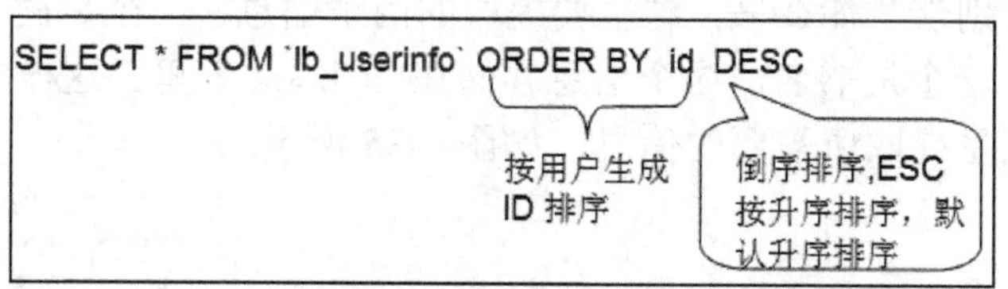

图 4-31　排序查询数据

id	username	password	truename	idcard	regtime	address	tel	logintime	loginip
240	Cooky	123			1409382264		18688383482	1409382270	127.0.0.1
239	simer	1234	cooky		1408523072	惠州市惠城区技师学院		1409381844	127.0.0.1
238	123a	123	cooky		1408523032	惠州市惠城区技师学院	123		
237	123456789	123	cooky		1408522997	惠州市惠城区技师学院	123		
236	asdf	1234	cooky		1408522860	惠州市惠城区技师学院	asdf		
235	12345678	123	cooky		1408522816	惠州市惠城区技师学院	123		
234	1234567	123	cooky		1408522806	惠州市惠城区技师学院	123		
233	12357	123	cooky		1408522796	惠州市惠城区技师学院	123		
232	1235	123	cooky		1408522603	惠州市惠城区技师学院	123		
231	12345	123	cooky		1408522585	惠州市惠城区技师学院	123		
230	1234	123	cooky		1408522530	惠州市惠城区技师学院	123		
229	小黄		cooky		1407933398	惠州市惠城区技师学院			

图 4-32　排序结果

会排序好像还不够，可能需要统计读者借书量呢？突然有点复杂的感觉了。解析这句话“每个读者读了多少本书”，这里用到了分组，也用到了统计，所以在SQL语句里需要用到分组查询语句和统计，如图4-33所示。

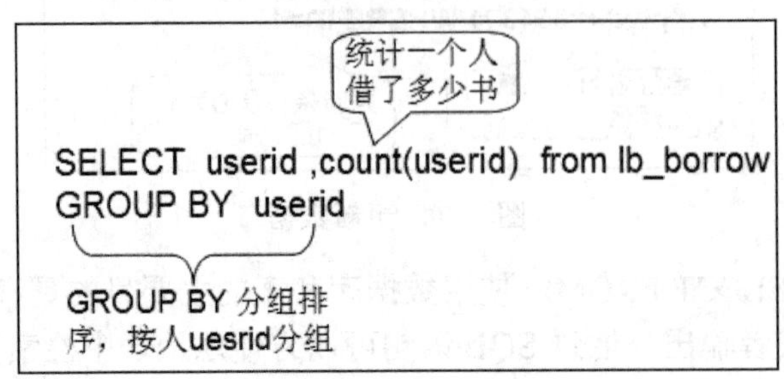

图4-33 分组查询

在实际应用中除了使用COUNT()函数，还有其他常用的聚合函数，如图4-34所示。

函数名	说明	例子
AVG	返回指定组中的平均值，空值被忽略	SELECT user_id, avg(hit) FROM \`weibo\` GROUP BY \`user_id\`
COUNT	返回指定组中项目的数量	SELECT user_id, count(user_id) FROM \`weibo\` GROUP BY \`user_id\`
MAX	返回指定数据的最大值	SELECT user_id, max(hit) FROM \`weibo\` GROUP BY \`user_id\`
MIN	返回指定数据的最小值	SELECT user_id, min(hit) FROM \`weibo\` GROUP BY \`user_id\`
SUM	返回指定数据的和，只能用于数字列，空值被忽略	SELECT user_id, SUM(hit) FROM \`weibo\` GROUP BY \`user_id\`

图4-34 常用聚合函数

5）多表查询。数据表结构的设计精妙在于根据不同的情况、不同的归类建立不同的存储信息，但是在表与表之间建立起联系，合理利用数据存储空间，避免了字段的冗余，也使数据管理操作简便。如何综合两个表甚至更多表提取部分信息呢？例如图书管理员想知道读者分别借了什么书，这里要提取的两个信息：一个是读者，这个信息存储在lb_userinfo表；一个是书名，这个信息存储在lb_book表里。这样将两个表结合起来查询，然后各从表里提取所需要的信息，如图4-35所示。

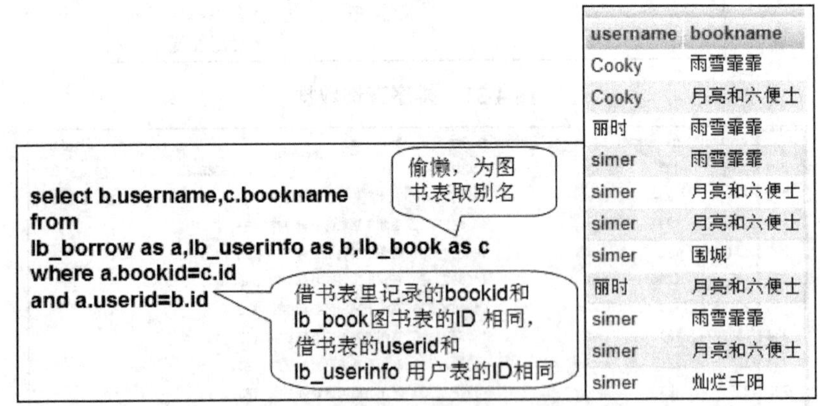

username	bookname
Cooky	雨雪霏霏
Cooky	月亮和六便士
丽时	雨雪霏霏
simer	雨雪霏霏
simer	月亮和六便士
simer	月亮和六便士
simer	围城
丽时	月亮和六便士
simer	雨雪霏霏
simer	月亮和六便士
simer	灿烂千阳

图4-35 两个表联合查询和查询结果

6）分页查询LIMIT。当读者已累积到一定数量的时候，如果全部显示在一张页面上，不大利于管理和查看，如果能设置成一页就看10条数据或者20条数据，这会比一次加载上万条信息速度要快，用户感受也会好一些。

limit 是关键字，limit 后面第一个参数代表取数据的起始位置，第二个参数代表从起始位置往后取多少条数据，如图 4-36 所示，通过起始位置的设置，查询出第一条数据。假设设置每页显示 10 条数据，如图 4-37 所示，将查询出第三页的 10 条数据。通过 limit 关键字可以随心所欲从中“截取”数据，从而达到快速分页的效果。

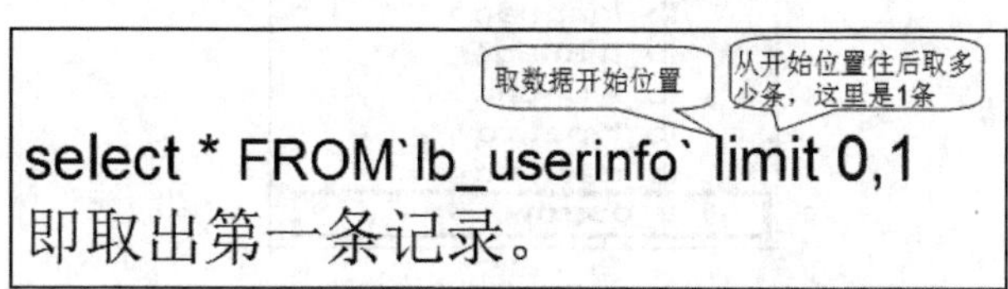

图 4-36　查询第一条数据

```
select * FROM`lb_userinfo` limit 30,10
从第31条到40条（共计10条）
```

图 4-37　查询第三页数据

2. 创建图书管理系统视图

表与表之间相关联是通过“外键”即 ID 来进行的，但是 ID 的作用是标识唯一性的，可读性就不那么直观，但是需要展示给用户的是直观的信息，因此需要“组合”多个表的信息。视图这个功能可以满足需求。

视图是什么？视图是一个虚拟表，其内容由查询定义。同真实的表一样，视图包含一系列带有名称的列和行数据；但是，视图在数据库中并不以存储的数据值集形式存在。它的优点如下。

1）简单性。看到的就是需要的，视图不仅可以简化用户对数据的理解，也可以简化他们的操作。那些被经常使用的查询可以被定义为视图，从而使用户不必为以后的操作每次都指定全部的条件。

2）安全性。通过视图用户只能查询和修改他们所能见到的数据，但不能授权到数据库特定行和特定列上。通过视图，用户可以被限制在数据的不同子集上。

例如图书借还，涉及很多的信息 ID，如果建立一个视图，就大大方便读取。创建一个视图：v_borrow，如图 4-38 所示。

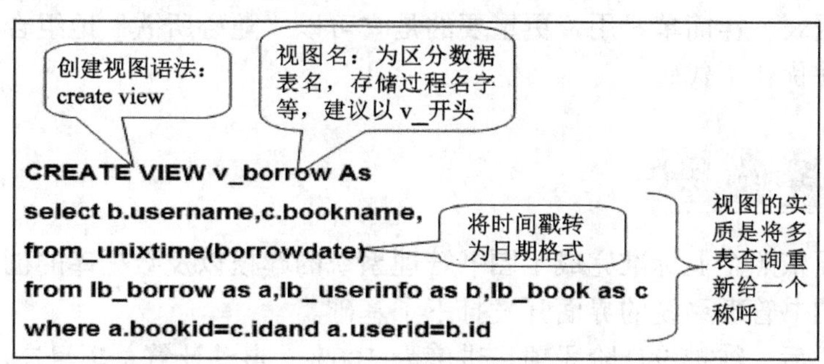

图 4-38　创建视图

单击“执行”按钮后发现 library 数据库中多了一个视图 v_borrow，如图 4-39 所示；再用查询语句 select * from v_borrow，结果如图 4-40 所示。

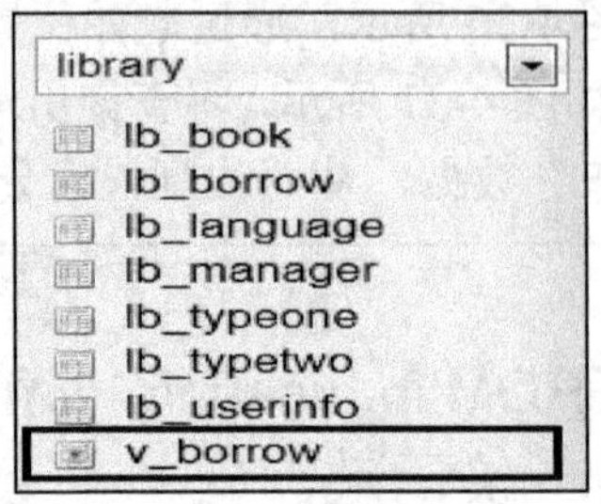

图 4-39　VIEW 视图

	username	bookname	from_unixtime(borrowdate)
编辑 快速编辑 复制 删除	Cooky	雨雪霏霏	2014-08-30 15:04:40
编辑 快速编辑 复制 删除	Cooky	月亮和六便士	2014-08-30 15:04:39
编辑 快速编辑 复制 删除	丽时	雨雪霏霏	2014-08-26 00:07:20
编辑 快速编辑 复制 删除	simer	雨雪霏霏	2014-08-30 14:58:20
编辑 快速编辑 复制 删除	simer	月亮和六便士	2014-08-24 16:38:50
编辑 快速编辑 复制 删除	simer	月亮和六便士	2014-08-24 16:25:53
编辑 快速编辑 复制 删除	simer	围城	2014-08-01 11:29:58
编辑 快速编辑 复制 删除	丽时	月亮和六便士	2014-08-26 00:07:16
编辑 快速编辑 复制 删除	simer	雨雪霏霏	2014-08-24 15:02:31
编辑 快速编辑 复制 删除	simer	月亮和六便士	2014-08-24 15:00:21
编辑 快速编辑 复制 删除	simer	灿烂千阳	2014-08-24 19:41:01

图 4-40　VIEW 视图查询结果

视图像数据表一样简单易用，更重要的是它可以“随心所欲”地组合想要的信息，可反复使用，并优化了代码。

本任务主要依照企业标准完成了图书管理系统的建模以及数据库的创建，为后面的操作手册以及图书管理系统的界面开发打下了基础。

本任务完成后，维护设计阶段项目进度为 100%，自动计算总项目完成率为 24%，如图 4-41 所示。

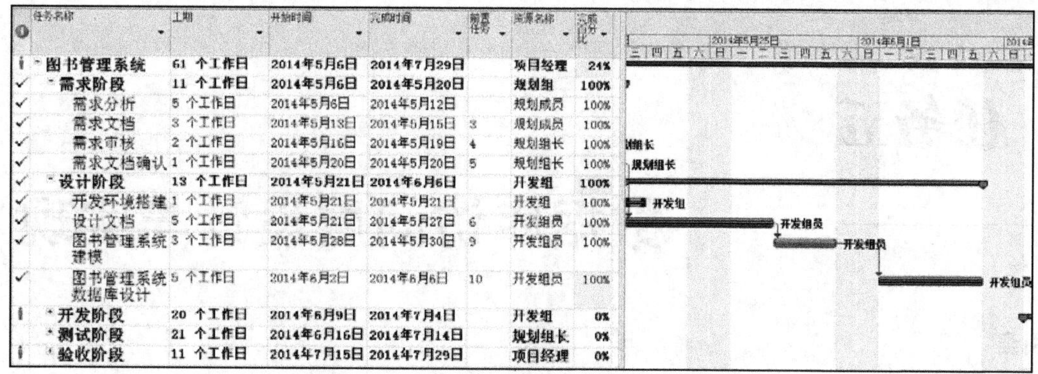

任务名称	工期	开始时间	完成时间	前置任务	资源名称	完成百分比
图书管理系统	61 个工作日	2014年5月6日	2014年7月29日		项目经理	24%
需求阶段	11 个工作日	2014年5月6日	2014年5月20日		规划组	100%
需求分析	5 个工作日	2014年5月6日	2014年5月12日		规划成员	100%
需求文档	3 个工作日	2014年5月13日	2014年5月15日	3	规划成员	100%
需求审核	2 个工作日	2014年5月16日	2014年5月19日	4	规划组长	100%
需求文档确认	1 个工作日	2014年5月20日	2014年5月20日	5	规划组长	100%
设计阶段	13 个工作日	2014年5月21日	2014年6月6日		开发组	100%
开发环境搭建	1 个工作日	2014年5月21日	2014年5月21日	7	开发组	100%
设计文档	5 个工作日	2014年5月21日	2014年5月27日	6	开发组员	100%
图书管理系统建模	3 个工作日	2014年5月28日	2014年5月30日	9	开发组员	100%
图书管理系统数据库设计	5 个工作日	2014年6月2日	2014年6月6日	10	开发组员	100%
开发阶段	20 个工作日	2014年6月9日	2014年7月4日		开发组	0%
测试阶段	21 个工作日	2014年6月16日	2014年7月14日		规划组长	0%
验收阶段	11 个工作日	2014年7月15日	2014年7月29日		项目经理	0%

图 4-41　图书管理系统项目管理

将本任务的要点填在图 4-42 中。

图 4-42　任务四要点回顾

1）数据库字段类型有哪些常用类型？

2）完成图书管理系统的数据库设计。

任务五 数据库访问层设计与实现

引言：

图书管理系统的需求已明确，开发工具已确定，数据库已建立完成，现在开始动工打地基，房子牢不牢靠，看地基挖得好不好。本任务主要通过 PHP 基本知识的掌握、Smarty 模板的应用，采用 MVC 设计模式来完成图书管理系统的“地基”。

学习目标

1）掌握 PHP 基本功。
2）掌握 Smarty 模板技术。
3）应用 MVC 设计模式。

子任务一 打好 PHP 语言的基本功

1. 掌握 PHP 的基本编码规则

设计图书管理系统的数据访问层，意味着 PHP 和 MySQL 开始“打交道”了。数据库访问的客户端只由客户 Web 浏览器解释；服务端由 Web 服务器解释。PHP 语言主要用于编写动态网页的应用程序，也就是作为脚本程序嵌入 Web 页面中，由 Web 服务器执行该程序，并将运行的结果返回到客户端。PHP 脚本包含 PHP 代码的一个文本文件，在 Web 服务器上完成任务。

1）PHP 代码总是用<?php 和 ?>包围，就如同划好了地盘，告诉电脑凡是包含在<?php ?>里面的都是 PHP 代码，请用 PHP 的“翻译器”来翻译它。

每个 PHP 语句是以英文状态下的分号（;）结束，就如同写作文一样，是用句号（。）来表示一句话结束。如果代码“生病了”不肯运行，请检查代码有没有加分号，对于初学者来说，这种情况比想象中更常出现，毕竟要适应每句代码以这个分号（;）结束的习惯。

2）PHP 变量，顾名思义是会变的东西。例如存款，是可以增加也可以减少，是一个不断变化的状态。PHP 的变量相当于是一些存储容器，用于存储脚本数据。它可以存储不同类型的数据，PHP 变量总是以美元符号（$）开头，PHP 的变量名称也就是美元符号后的第一个字符可以是字母或者下划线，但是不能是数字，此后的字符可以是字母、下划线或数字。变量名区分大小写，图 5-1 举例合法与不合法的变量名。

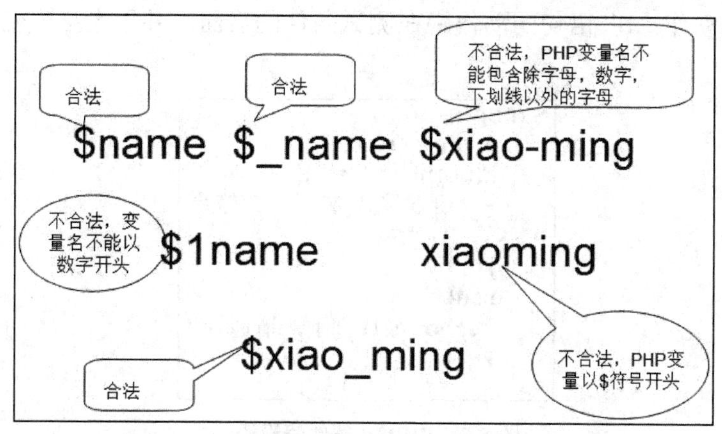

图 5-1　组织分工

3）PHP 基本数据类型：整数、浮点数、布尔、字符串，如图 5-2 所示。

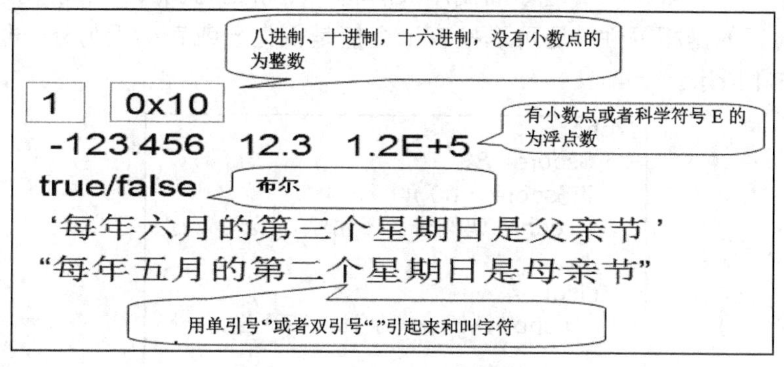

图 5-2　PHP 基本数据类型

4）PHP 的输出：PHP 命令 echo 主要用于输出内容，如纯文本或 HTML 代码，print 主要也是输出内容。两者之间的差异是 echo 能够输出一个以上的字符串；print 只能输出一个字符串，并始终返回；echo 比 print 稍快，因为它不返回任何值。var_dupm() 方法是判断一个变量的类型与长度，并输出变量的数值；此函数显示关于一个或多个表达式的结构信息，包括表达式的类型与值，通常用于调试打印信息。

2. IF 逻辑假设条件语句

数据库的强大之处在于存储，计算机语言的强大之处在于模仿人类的逻辑思考。从 PHP 语言的 IF 假设条件来开始思考，IF 语句允许代码根据某个结论是否为真来做出判断。例如在穿越马路时，如果是红灯，那么应该停下来等待；如果是绿灯，那么可以前进穿越马路。

基本 IF 语句包含以下三部分。

1）IF 关键字：IF 语句从这里开始。

2）测试条件：测试条件或条件表达式，放在 IF 关键字后面的括号里，想要确保合法性或真实性的语句放在这里。

3）执行的动作：IF 语句的动作跟在测试条件的后面，并用大括号包围起来，如图 5-3 所示。

```
<?php
    $light = "red";
    if($light == "red"){
      echo "红灯亮了，请停止
      通行";
    }
   else{
     echo "绿灯亮了，请通行";
    }
?>
```

图 5-3　PHP IF 条件假设语句

IF 语句的核心就在于它的测试条件，这个测试条件往往解释为 ture 或者 false。测试条件可以是一个变量、一个函数的调用或者将一个事物与另外一个事物进行比较。IF 语句不仅仅检查的是相等性，还可以检查一个值是否大于或者小于另外一值，用于比较判断，如图 5-4 所示。

```
<?php
    $score= 88;
    if($score > 80 ){
      echo "妈妈说：不错哦，继续努力";
    }
   else{
     echo "妈妈说：加油，下次更好";
    }
?>
```

图 5-4　PHP IF ELSE 条件假设语句

IF 语句的还可以采用 IF…ELSE IF()…ELSE 的多层嵌套语句，读者可以根据不同的情况设计不同的层次，如图 5-5 所示。

```
<?php
    $light = "red";
    if($light == "red"){
      echo "红灯亮了，请停止
      通行";
    }
   else if($light == "yellow"){
     echo "黄灯亮了，请等等";
    }
   else {
      echo "绿灯亮了，请通行";
   }
?>
```

图 5-5　PHP IF ELSE 多层假设语句

3. Switch 选择条件语句

PHP Switch 语句也是判断语句，但是比 IF 语句多一些分支。

Switch 语句提供了一个高效的方式来检查一个值，并根据这个值执行多个不同代码块之一。如果使用 IF-ELSE 语句，这个工作可能需要嵌套很多的 IF-ELSE 语句来检查各个可能的值。编写一条 Switch 语句，对应各个可能分别由一个 case 标签负责，在每个 case 标签最后要加上“break;”，这是让 PHP 退出整个 Switch，不再考虑其他 case，如图 5-6 所示。

如果随机结果为1，就输出“飞机飞往清朝”结束语句

没有break，即使答案是2，依然会继续3，直到碰到break；

```
<?php
  $a = rand(1,6);//rand随机函数，1,5是指随机的范围
  switch($a){
  case 1: echo "飞机飞往清朝啦";break;
  case 2: echo "飞机飞往宋朝啦";
  case 3: echo "飞机飞往春秋战国时期啦";break;
  case 4: echo "飞机飞向未来世界";break;
  case 5: echo "飞机被外星人劫持";
  default: echo "飞机去哪儿了？我们一起祈祷它回来";
  }
?>
```

图 5-6　Switch 选择语句

4. For 循环语句

For 循环的意义是在某个条件下重复在做一件事情，不需要用代码一遍又一遍的描述要做的事情，而是可以用一个 For 循环体来代替。先看一下 For 循环的结构，如图 5-7 所示。

初始化$i 从 1 开始循环

循环结束条件，当测试条件为 true 时才会执行大括号里的动作

更新，将循环计数器更新，$i 加 1

```
for($i=1; $i<=57; $i++) {
  //放在大括号里面的所有代码在每次
  // 循环的时候执行
}

for($i=1; $i<=57; $i++) {
  echo “班主任请我们班吃冰淇淋”;
}
```

图 5-7　For 循环语句

这段代码将会重复输出 57 次“班主任请我们班吃冰淇淋”。

但是对于循环来讲，有没有意外呢？可能 34 号的学生因为有虫牙，妈妈嘱咐了不能给她吃冰淇淋，那怎么办？这需要 For 循环跳出语句，如图 5-8 所示。

两个等于号是判断等于的意思，一个等于号代表的是赋值的意思

跳过的意思，很遗憾，34号同学吃不到冰淇淋

```
for($i=1; $i<=57; $i++) {
  if($i == 34){
    continue;
  }
  echo “班主任请我们班吃冰淇淋”;
}
```

图 5-8　For 循环跳出语句

除了这个意外，还有个更让人难以接受的意外就是在卖冰淇淋的小商店里，班主任突然发现自己钱包的零钱不够，怎么办呢？只好跟学生说分批请吧，这次 33 号前的都吃冰淇淋，下次就 33 号后的吃冰淇淋。这需要 For 循环结束语句，如图 5-9 所示。

break;结束本次循环了，当学号到34的时候，没有冰淇淋吃了。

```
for($i=1; $i<=57; $i++) {
  if($i > 33){
    break;
  }
  echo “班主任请我们班吃冰淇淋”;
}
```

图 5-9　For 循环结束语句

5. While 循环

While 循环特别适合于当满足某个特定条件时重复执行代码。那有读者会问：For 循环好像也是在重复的做一件事情呀，既然有 For 何需 While？

在一般情况下，的确是 While 和 For 可以通用，例如可以用 While 循环语句改写上面的 For 循环语句，如图 5-10 所示。

当$i小于或者等于57的时候，都会输出：班主任请我们吃冰淇淋

```
$i=1;
while($i<=57){
  echo “班主任请我们班吃冰淇淋”;
  $i++;
}
```

图 5-10　While 循环语句

但是 For 循环和 While 循环还是各有它们的侧重点的，For 循环也称为计数循环，在没有“意外”（continue 和 break）的话是指定循环次数的；而 While 循环可以不确定循环次数，另外 While 循环的条件可以是多种判断，比如判断数字等于多少，判断字符串是否相等，判断数组是否为空等。

下面是一个店员为顾客找袜子的游戏，采用 while 循环完成，如图 5-11 所示。

```
$socks_on_feet=0; //现在脚上没有袜子
while($socks_on_feet != 2){
 echo "请打开盒子寻找你喜欢的袜子"."<br/>";
 $find_sock=1;
 if($find_sock ==1 ){
   echo "请将袜子穿到脚上"."<br/>";
   $socks_on_feet++;
   echo "请继续寻找匹配的袜子"."<br/>";
     if($find_sock ==2 ){
       echo "请将匹配的袜子穿到脚上"."<br/>";
       $socks_on_feet++;
       echo "噢！可以啦，我们帮顾客找到合适的一对袜子啦"."<br/>";
     }
    else{
      echo "oh,no 只能脱下这只袜子啦"."<br/>";
      $socks_on_feet--;
     }
 }
 else {
    echo “oh，no，什么都没有";
 }
}
```

图 5-11　While 循环语句

当然，如果不小心 While 循环的条件一直达不到，那有可能陷入无限循环也称为死循环，所以这也是各位读者所需要注意的循环的边界问题。

6. 数组

数组是存储一组值的数据结构。每个值有一个索引，可以用这个索引访问相应的值。

在《灌篮高手》里就有一支大家喜爱的队伍——湘北队，这样的篮球队伍就相当于一个数组，如图 5-12 所示。

图 5-12　篮球队

用 PHP 声明这个篮球数组的语法如图 5-13 所示，$basketball 就是篮球队的队名，用 Array()表示这是一个数组，括号里面是属于数组的成员。在最初没有给球员发球衣的时候，默认从 0 开始数数。

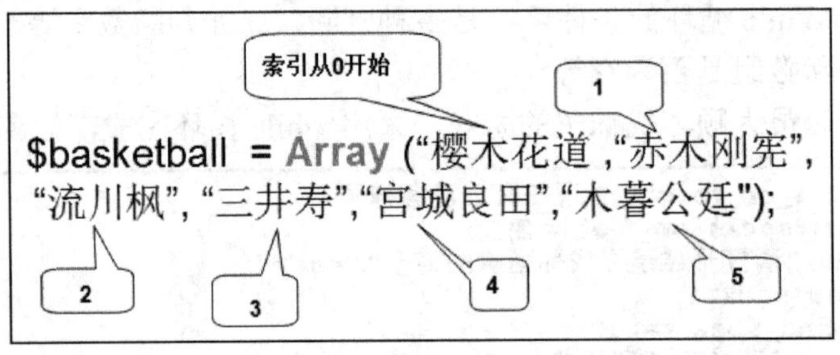

图 5-13 篮球队组队

当安西教练想点名球队成员的时候，需要用篮球队名[0]、用篮球队名[1]……来点名，如图 5-14 所示。

```
$basketball = Array (“樱木花道 ,“赤木刚宪”,
“流川枫”, “三井寿”,“宫城良田”,“木暮公廷");
echo $basketball [0]."<br/>";
echo $basketball [1]."<br/>";
echo $basketball [2]."<br/>";
……
```

图 5-14 篮球队点名

用从 0 开始的下标点名是其中一种方式，但是在球场比赛的时候，为了给观众和裁判知道上场的是谁，他们都要穿上球衣，如图 5-15 所示。

```
$basketball = Array(“10号”=>“樱木花
道”,“15号”=>“赤木刚宪”,“11号”=>“流川
枫”,“14号”=>“三井寿”,“7号”=>“宫城良田”,
“5号”=>“木暮公廷");
```

图 5-15 篮球队穿球衣

每次可怜的樱木花道犯规的时候，裁判大声地吹哨“湘北队 10 号犯规！”这样用 echo $basketball[“10 号”]就把樱木花道给点名了，如图 5-16 所示。

```
$basketball = Array(“10号”=>“樱木花道”,“15
号”=>“赤木刚宪”,“11号”=>“流川枫”,“14
号”=>“三井寿”,“7号”=>“宫城良田”,“5号”=>“木
暮公廷");
echo $basketball [“10号”];
```

图 5-16 篮球队员犯规

7. Foreach 循环数组

有人会问：如果想知道篮球队所有人是谁呢？是不是一个一个 echo 出来呀？当然不是，Foreach 循环是一种特殊的循环，专门设计用来循环处理一个数组中存储的值。它和 For 循环长得有点像，是兄弟，但它们各自有特长，如图 5-17 所示，Foreach 循环输出的结果如图 5-18 所示。

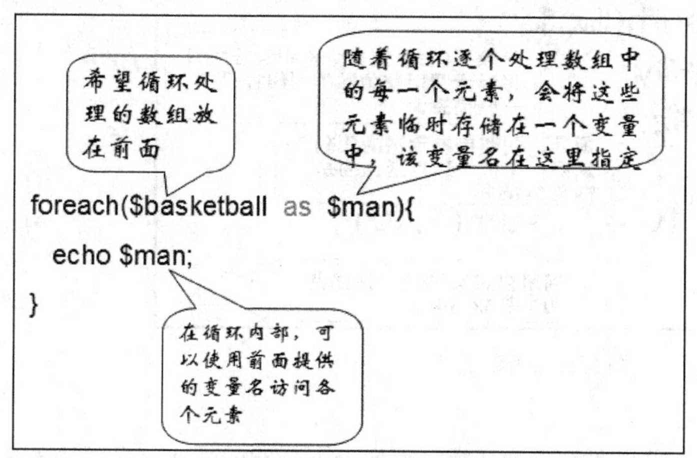

图 5-17 Foreach 循环

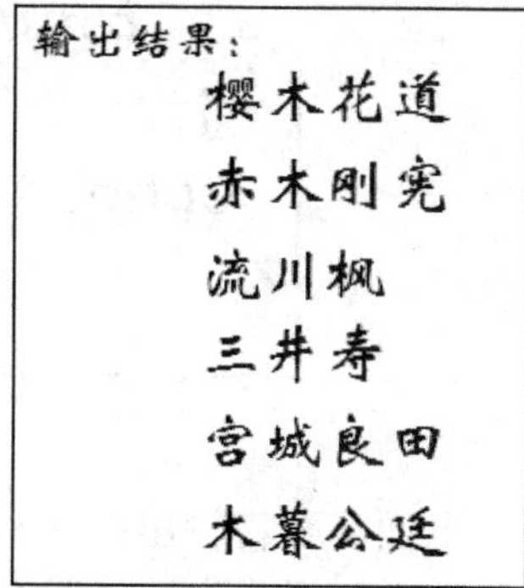

图 5-18 Foreach 循环输出结果

8. 函数

函数分为自定义函数和内建函数（或称为系统函数）。PHP 的真正力量来自于它的函数，它拥有超过 1000 个内建函数，可分为字符串函数、数组函数、文件函数等。

函数是与其他代码分离的一个代码块，可以在脚本中的任何位置使用。函数的作用是可以在程序中重复使用的语句块，而无需代码重复。

1）常用的内建函数如下。

empty()：判断是否为空；mysql_connect：打开 MySQL 数据库连接；
ltrim：去除连续空白；md5：计算字符串的 MD5 哈希值；
mkdir：建立目录； mysql_fetch_array：返回数组资料；
mysql_fetch_row：范围单列的各字段；msyql_num_rows：取得返回列的数目；
chdir：改变目录；checkdata：验证日期的正确性；
is_file：测试文件是否为正常文件；strtolower：字符串全转为小写；
strtoupper：字符串全转为大写；strftime：将服务器的时间本地格式化；
session_start：初始 session；print：输出字符串；explode：切开字符串；
exit：结束 PHP 程序；mysql_select_db：选择一个数据库；
mysql_result：取得查询 (query) 的结果。

2）自定义函数相当于一个个小功能模块，页面加载时，函数不会立即执行，只有被调用时才会执行。就像银行的柜员机，它有取款，存款的功能，不用的时候就摆在哪儿，需要取钱或者存钱的时候，带着参数（银行卡和密码）调用柜员机的存取款功能就可以了。如何创建函数呢？如图 5-19 所示。

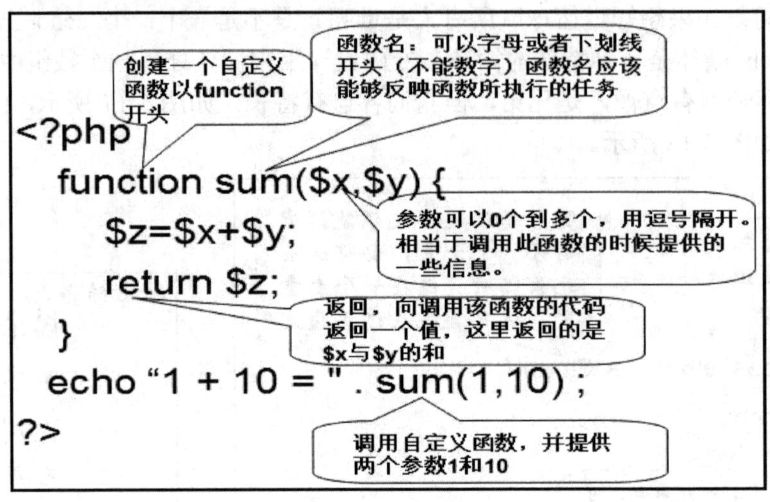

图 5-19　函数定义

上面函数将输出：1+10=11。

还有一类自定义函数允许自定义参数有默认值，就像天天酷跑的游戏，只要输入账号密码，就可以给一个角色去比赛，而这个角色相当于函数的默认值，当然玩家级别不同的时候，可以选择其他角色替代默认的角色，如图 5-20 所示。

```
<?php
 function ttkp($login,$pwd,$js="美猴王"){
        echo "欢迎你回来".$login;
        echo "你的角色是".$js;
 }
 $js="小魔女";
 $login="cooky";
 $pwd="123456";
 ttkp($login,$pwd);
 ttkp ($login,$pwd,$js);
?>
```

天天酷跑游戏的默认角色，可被替换

只传递账号和密码，使用ttkp的默认角色

小魔女将替换ttkp函数的默认参数$js

图 5-20　函数默认参数

第一次调用 ttkp 的函数输出：“欢迎你回来，你的角色是美猴王”。

第二次调用 ttkp 的函数输出：“欢迎你回来，你的角色是小魔女”。

3）在主程序中可以声明变量，在函数中也可以声明变量，它们的作用域不一样。

主程序中声明的变量称为全局变量，全局变量可以在任何地方使用；函数中声明的变量称为局部变量，局部变量只能在函数中使用，见表 5-1。

表 5-1　函数变量作用域

类　型	说　明	作　用　域
局部变量	在函数内部定义的变量	所在函数
全局变量	在主程序中定义的变量	整个 PHP 文件 如果要在函数中使用，要先用 global 声明后才能访问
静态变量	用关键字 static 声明的变量	在服务器运行的时间内都有效，但是作用域仍然不变

4）编写自定义函数时需要注意几点：函数名不区分大小写；函数名不能与系统函数名或关键字重名；函数名只能以英文字母和下划线开头；函数名中不能包含空格或特殊字符。

9. 面向对象

1）什么是对象？万事万物皆对象。什么是类？把事物的特征、行为提取出来形成类。如图 5-21 所示，将人的特征提取出来，比如每个人的姓名、性别等，形成人类，然后创建（new）不同的人，例如小红、小明等。

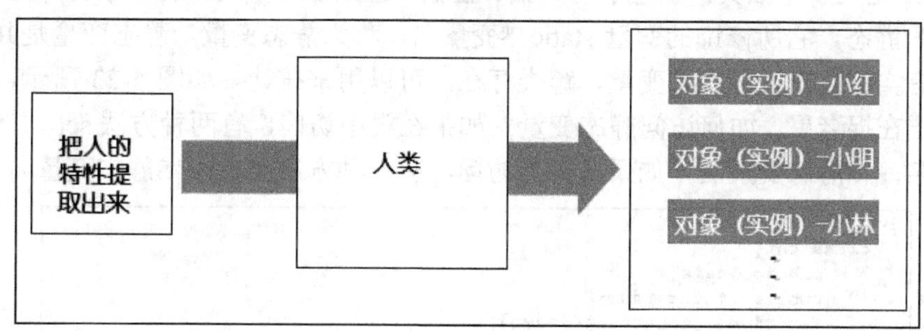

图 5-21　类和对象的关系

2）如何创建一个类？

```
class  类名{
  成员属性(变量);
}
```

3）什么是成员属性？成员属性是从某个事物提取出的，可以是基本数据类型(整数、小数、字符、布尔)，也可以是复合数据类型(数组、对象)。

4）怎样访问一个成员属性？$对象名→属性名；如果一个文件，专门用于定义类，则命名规范应当这样类名.Class. php。

5）构造方法？ __construct，在创建实例的同时调用，通常用来初始化成员属性。

如图 5-22 所示代码创建了 User 类，定义了两个私有的成员属性姓名$name 和性别$sex，定义了两个行为动作睡觉 sleep()和吃饭 eat()；然后创建（new）了两个实例，一个是叫木子的女孩、一个是叫懒虫的男孩。

```php
<?php
class User {
    private  $name;//权限：仅仅本类可以访问
    private $sex;

    //构造方法，指在new也就是创建user这个类的时候直接调用构造方法
    function __construct($username,$sex){
      $this->name = $username;
      $this->sex = $sex;
    }
    //$this代表了实例化的这个类，也就是代表新创建的这个人
    function sleep(){
        echo $this->name."是".$this->sex;
        echo $this->name."睡觉";
    }
    function eat(){
        echo $this->name."吃饭";
    }
}

$person = new User("木子", "女孩");
$person->sleep();
echo "<br/>";
$per = new User("懒虫", "男孩");
$per->eat();
?>
```

图 5-22　User 类

图 5-23 定义了个猫类，创建了汤姆猫、蓝猫、虹猫多个实例，有一个特殊的修饰符：static，称为静态，它所修饰的变量 static $变量名，称为静态变量。静态变量是共享的，同一类所有实例共享一份静态变量，跨类存在，可以用来统计。如图 5-23 所示，统计了有多少只猫在捉老鼠。如何访问静态变量？如果在类中访问，有两种方法 self::$静态变量名，类名::$静态变量名；如果在类外访问，有一种方法类名::$静态变量名。

```php
<?php
class cat{
    public $name;
    public static $num=0;
    function __construct($name){
        $this->name=$name;
    }
    public function catch_mouse(){
        self::$num+=1;
        echo $this->name."捉老鼠~喵~";
        echo "<br />";
    }
}
$cat1=new Cat("汤姆猫");
$cat1->catch_mouse();
$cat2=new Cat("蓝猫");
$cat2->catch_mouse();
$cat3=new Cat("虹猫");
$cat3->catch_mouse();
echo "这里有".Cat::$num."一只喵星人在捉老鼠~喵喵喵~";
?>
```

图 5-23　cat 类

10. 继承

1）所谓继承就是一个子类通过 extends 继承父类，把父类的 public/protected 属性和

public/protected 方法继承下来，private 的属性和方法没有被继承，就像儿子继承父亲的基因或者特征。

2）继承可以解决代码复用，让编程更加靠近人类思维。当多个类存在相同的属性（变量）和方法时，可以从这些类中抽象出父类，如图 5-24 所示，定义了产品类；如图 5-25 所示，定义了 book 类继承 product 类。通过继承，book 类也可以使用父类的产品名和产地两个属性，通过继承避免了代码的重复。

3）子类只可以继承一个父类（直接继承），父类可以被多个子类继承，就类似儿子只能有一个爸爸，爸爸可以有多个儿子。如果希望继承多个类的属性和方法，则需要多层继承，爸爸可以有爸爸。

4）当创建子类对象的时候，默认情况下，不会自动调用父类的构造方法。如果需要调用，采用 parent：方法名()的方法或者类名::方法名()的方式。

5）当一个子类的方法和父类的方法完全一样时，称为方法的覆盖。在创建子类对象的时候，调用的是子类的方法。

```
<?php
class product {
    private $name;
    private $address;
    function setName($name) {
        $this->name = $name;
    }
    function getName() {
        return $this->name;
    }
    function setAddress($addres) {
        $this->address = $addres;
    }
    function getAddress() {
        return $this->address;
    }
    function display() {
        echo 'name:' . $this->name . 'addres:' . $this->address;
        echo "<hr>";
    }
}
```

图 5-24　产品类

```
class book extends product {
    private $pirce;
    function setPrice($price) {
        $this->pirce = $price;
    }
    function getPrice() {
        return $this->pirce;
    }
    function dis() {
        $str = 'name:' . $this->getName () . 'addres:'
             . $this->getAddress ();
        $str = $str . 'price' . $this->pirce;
        echo $str;
    }
}

$produc = new product ();
$book = new book ();
$book->setName ( "三国" );
$book->setAddress ( "中国" );
$book->setPrice ( 30 );
$book->dis ();
```

图 5-25　书类

11. 抽象

1）为什么设计抽象类这个技术？在实际开发中，可能有这样一种类，是其他类的父类，但是父类本身并不能确定，本身并不需要实例化，主要用途是用于让子类来继承，这样可以使代码复用，同时利于项目设计者设计类。

2）如何定义抽象类？

```
abstract class 类名{
      //方法
     //属性
}
```

3）如果一个类使用 abstract 来修饰，则该类就是抽象类；如果一个方法被 abstract 修饰，则该方法就是抽象方法，抽象方法不能有方法体。

4）抽象类可以没有抽象方法，但可以有实现的方法。

5）如果一个类继承了某个抽象类，则它必须实现该抽象类的所有抽象方法。(除非它自己也声明为抽象类)。

如图 5-26 所示，定义了水果抽象类，shuiguo 抽象类既定义了抽象方法 chishuiguo()，也定义了实现的方法 xiaopi()。Pingguo 类继承了抽象类 shuiguo，并实现了 chishuiguo() 该抽象方法。

```
<?php
abstract class shuiguo{
  abstract function chishuiguo();
  function xiaopi(){
    echo "每个水果都要削皮吃，因为有农药";
  }
}

class pingguo extends shuiguo{
    private $name;

    function setName($name){
        $this->name = $name;
    }
    function getName(){
        return $this->name;
    }
    function chishuiguo(){
        echo "我们喜欢吃".$this->name;
    }
}

$a = new pingguo();
$a->setName("苹果");
$a->xiaopi();
echo "<br/>";
$a->chishuiguo();
```

图 5-26　抽象类

12. 接口

1）为什么有接口？USB 插槽就是现实中的接口。可以把 U 盘、移动硬盘、小音箱、手机、相机、充电器等都插在 USB 插槽上，而不用担心那个插槽是专门插哪个的，原因是做 USB 插槽的厂家和做各种设备的厂家都遵守了统一的规定包括尺寸、排线等，但是各种设备的内部结构是一样的吗？当然不是。因此通过定义统一的规范和标准可以“百花齐放”。

2）接口的作用是什么？就是用来规范声明一些方法，供其他类来实现，一般用来是制定规范。

3）接口的使用基本语法如下。

```
interface 接口名{
        //属性
       //方法
}
```

4）如何去实现接口？class 类名 implements 接口名 1，接口 2{}。

5）接口是更加抽象的抽象类，抽象类里的方法可以有方法体，接口里的所有方法都没有方法体。接口体现了程序设计的多态和高内聚低耦合的设计思想，如图 5-27 所示定义了简单的计算器的接口，要求有加减乘除的方法名称，但无具体的方法体。

```
<?php
interface inter1 {
    function jia(); // 定义方法
    function jian();
    function cheng();
    function chu();
}
```

图 5-27　计算器接口

6）如图 5-28 所示，Counter1 类继承接口 inter1，要求全部实现接口定义的方法。

```
class Counter1 implements inter1 {
    private $first;
    private $second;
    function setFirst($first) {
        $this->first = $first;
    }
    function getFirst() {
        return $this->first;
    }
    function setSecond($second) {
        $this->second = $second;
    }
    function getSecond() {
        return $this->second;
    }
    function jia() {
        return $this->first + $this->second;
    }
    function jian() {
        return $this->first - $this->second;
    }
    function cheng() {
        return $this->first * $this->second;
    }
    function chu() {
        return $this->first / $this->second;
    }
}

$jsq = new Counter1 ();
$jsq->setFirst ( 10 );
$jsq->setSecond ( 30 );
echo $jsq->jia ();
echo "<hr>";
echo $jsq->cheng ();
echo "<hr>";
echo $jsq->chu ();
```

图 5-28　计算器

子任务二 Smarty 模板让“美女与野兽”分离

1. 为什么要学 Smarty 模板

初写 PHP 的人一定很熟悉下面的代码，应该也写过类似的 PHP 和 HTML 的混编。可是在一个项目中，团队开发一般会有明确的分工，比如 PHP 代码交给后台程序员，而 HTML 代码交给前台美工人员，但是像这样混编的程序让后台程序员要不要设置字体的颜色呢？前台美工人员本来的工作仅仅只是做前台美工，可是这样编写代码是不是需要掌握 PHP 知识呢？所以如图 5-29 所示这样编写不利于开发，也不利于维护。

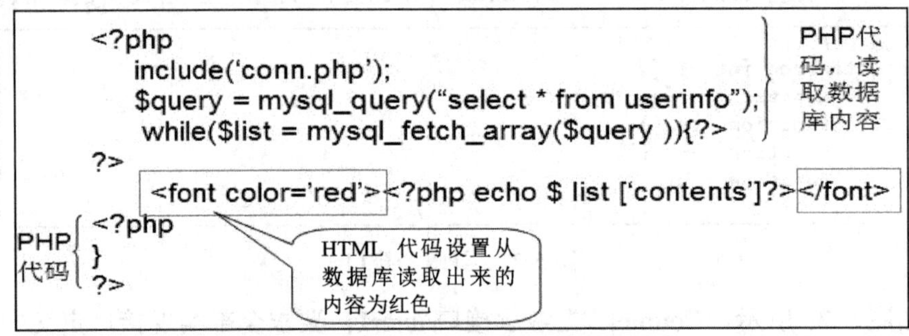

图 5-29 HTML 和 PHP 混编

项目的流程是项目开发→发布→运行→客户不满意→修改→运行→客户不满意→修改→运行→……周而复始的修改，是不是已让程序员焦头烂额了？但是如果有模板，使用模板技术提供给客户模板 1、模板 2、模板 3 等解决方案，就大大提高了工作效率。

其实使用模板技术最终目的就是让 PHP 和 HTML 代码分离，让前台“美女”和后台“野兽”工作分离。

2. 什么是 Smarty 模板

Smarty 是一个基于 PHP 开发的模板引擎，是目前业界最著名的 PHP 模板引擎之一。它分离了逻辑代码和外在的内容，提供了一种易于管理和使用的方法，用来将原本与 HTML 代码混杂在一起 PHP 代码逻辑分离。简单地讲，目的就是要使 PHP 程序员同前端人员分离，使程序员改变程序的逻辑内容不会影响到前端人员的页面设计，前端人员重新修改页面不会影响到程序的程序逻辑，这在多人合作的项目中显得尤为重要。

Smarty 的特点如图 5-30 所示，相对于其他模板引擎速度快，属于编译型。采用 Smarty 编写的程序在运行时要编译成一个非模板技术的 PHP 文件，这个文件采用了 PHP 与 HTML 混合的方式，在下一次访问模板时将 Web 请求直接转换到这个文件中，而不再进行模板重新编译（在源程序没有改动的情况下）；Smarty 可以自定义插件，插件实际上就是自定义函数。

Smarty 有这么多特点是不是项目开发都应该要用到模板技术呢？其实不是的，比如图 5-31 所示情况是不适合 Smarty 模板的。

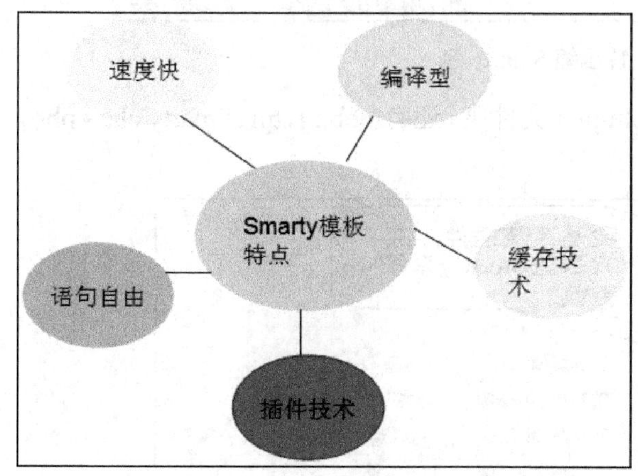

图 5-30　Smarty 模板特点

图 5-31　Smarty 不适用场景

3. Smarty 获取与配置

Smarty 下载官网地址：http: //www. Smarty. net/，其中 Smarty 2.6 支持 php4.0，Smarty 3.0 支持 php5.0。选 Smarty3.0 以上的下载，如图 5-32 所示。

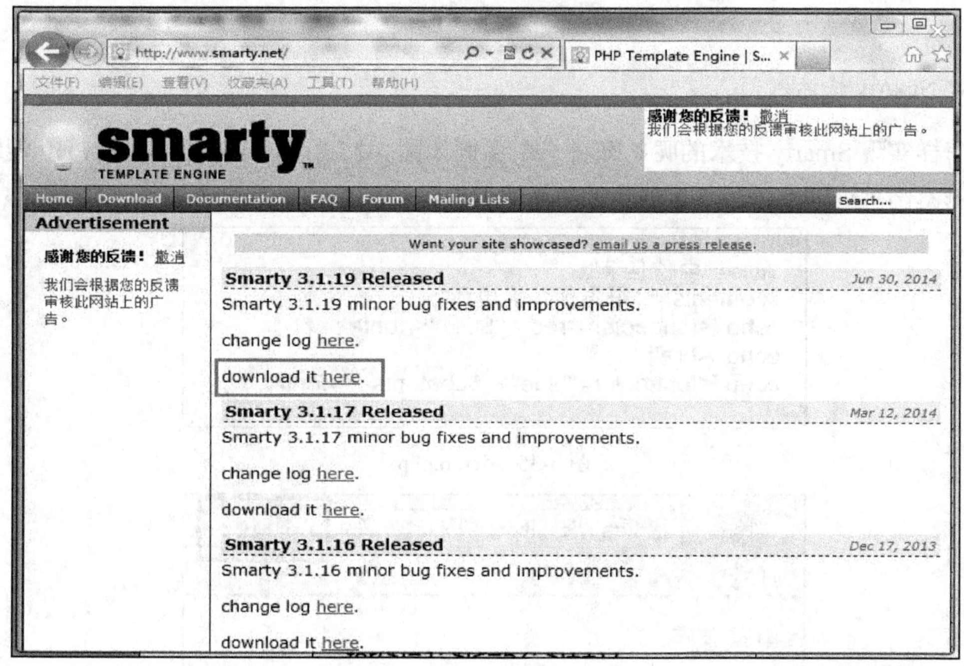

图 5-32　Smarty 下载

然后将压缩包解压，其中 demo 文件夹存放的是案例，libs 存放的是 Smarty 源代码，如图 5-33 所示。

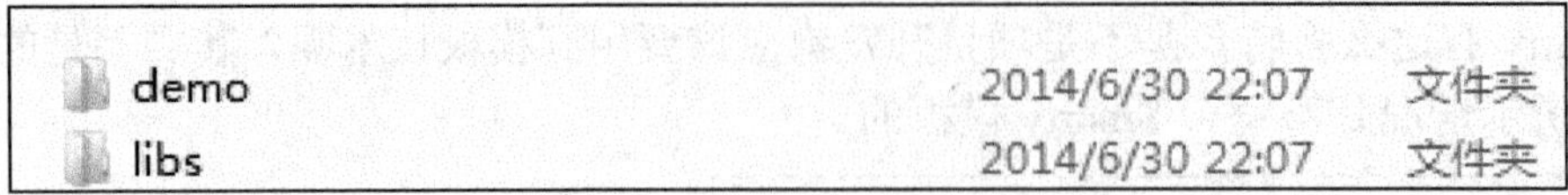

图 5-33 解压缩 Smarty 包

打开 libs 压缩包发现有 plugins、sysplugins 文件夹，还有 debug、tpl、Smarty.class.php，如图 5-34 所示。

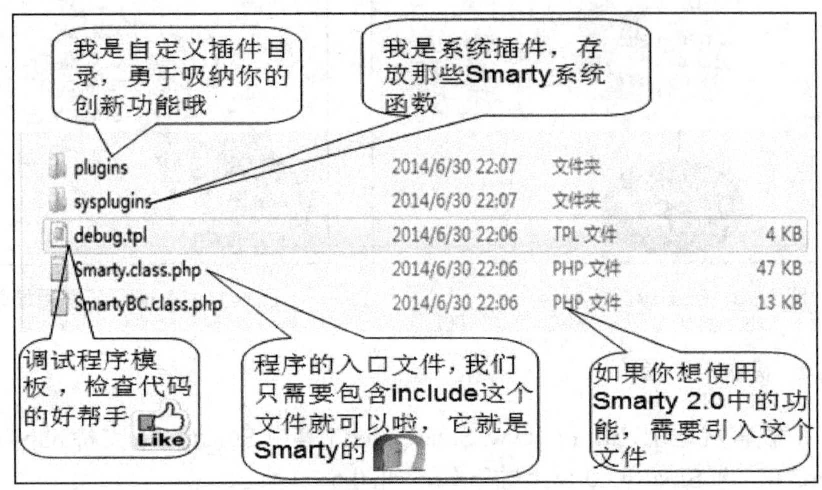

图 5-34 libs 包详解

4. Smarty 快速入门

怎样实现 Smarty 技术的呢？来看一个示例如图 5-35 所示。将 HTML 和 PHP 混编，运行输入网址：http：//localhost/Project3/demo/demo. php 后输出结果如图 5-36 所示。

```
<?php
  $title="中秋佳节";
  $contents = "每逢佳节倍思亲";
  echo '<font color="red">'.$title.'</font>';
  echo '<hr>';
  echo '<font color="blue">'.$contents .'</font>';
?>
```

图 5-35 demo.php

图 5-36 HTML 和 PHP 混编结果

另外再新建一个 template 文件夹，里面编写 demo.html 文件，如图 5-37 所示，在 demo 包下编写 smartydemo.php 文件如图 5-38 所示；运行输入网址：http：//localhost/Project3/demo/smartydemo. php 后输出结果如图 5-39 所示。

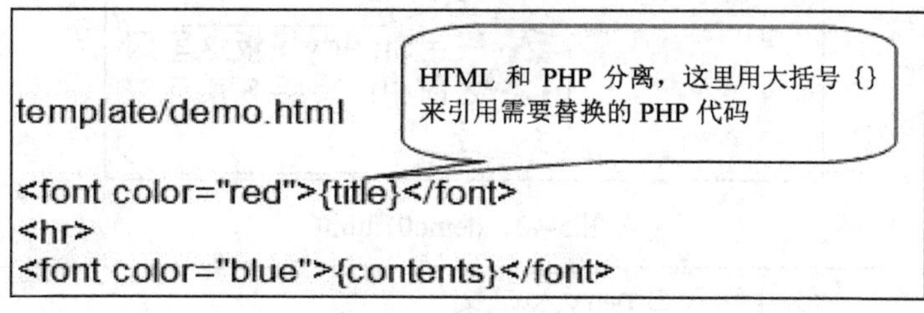

图 5-37　demo.html

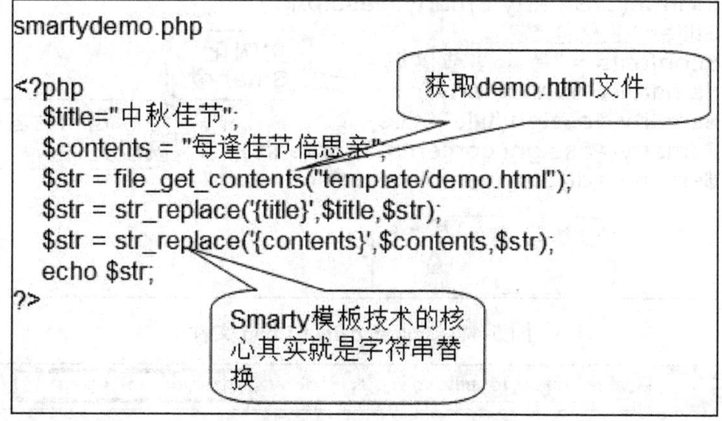

图 5-38　smartydemo.php

图 5-39　HTML 和 PHP 分离编写结果

以上示例了解了 HTML 和 PHP 分离的技术采用字符串替换的方式达到此效果。下面开始 Smarty 之旅。

1）将 libs 文件夹放在项目中，并重命名为 Smarty。

2）在 demo 文件夹下建立一个模板文件夹用来存放后缀为 html 或者 tpl 文件。

3）新建一个 demo01.html 文件，如图 5-40 所示；smartydemo01.php 文件如图 5-41 所示；输入 http：//localhost/Project3/demo/smartydemo01. php，结果如图 5-42 所示。

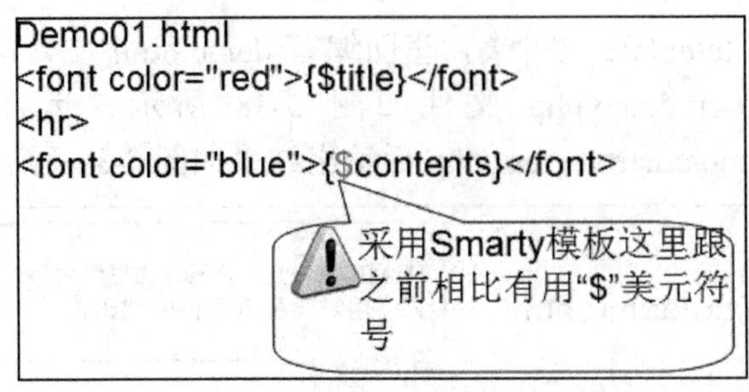

图 5-40 demo01.html

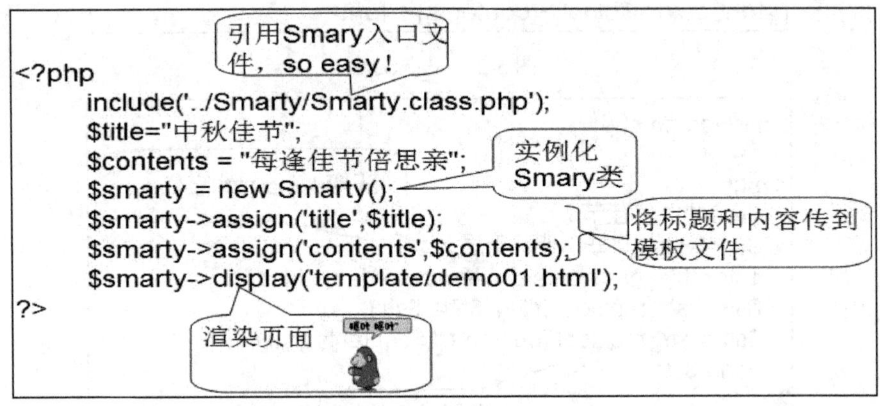

图 5-41 smarty demo01.php 文件

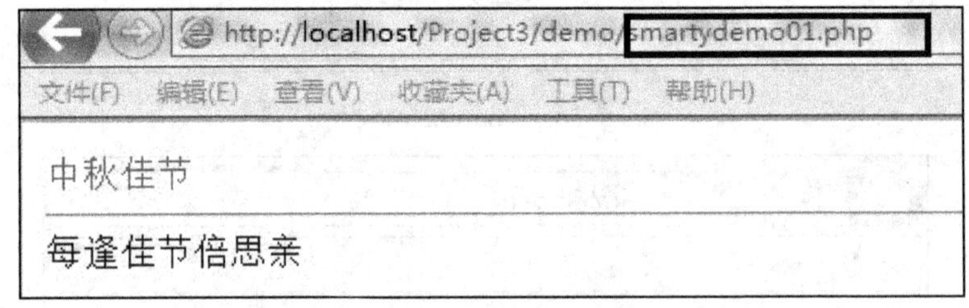

图 5-42 Smarty 模板运行结果

再回到工程文件，在目录下会自动创建一个 templates_c 的文件夹，它是 smarty 自动生成的编译目录，里面保存着每个模板对应的编译文件，如图 5-43 所示。编译文件是对模板的编译。

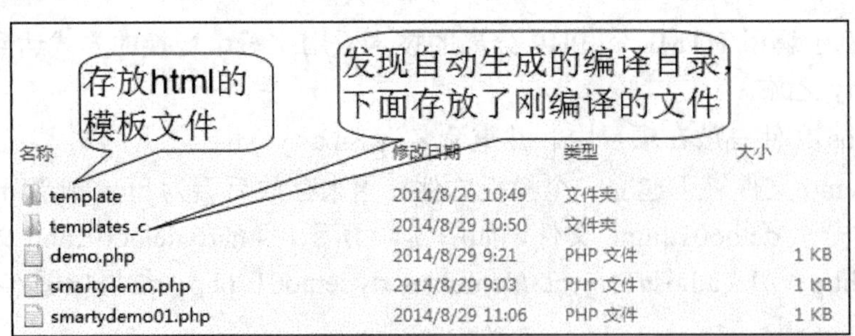

图 5-43 Smarty 模板运行后文件夹

编译文件的作用：Smarty 在对模板进行操作时，涉及文件操作需要系统 I/O 流的开销，一个项目上线以后，模板基本上不会动，如果每次都需要读取、生成会增加系统 I/O 开销，所以 Smarty 在第一次读取某个模板时，会将这个模板内容编译到一个编译文件中，下次直接运行这个编译文件就可以了。Smarty 的工作流程如图 5-44 所示。

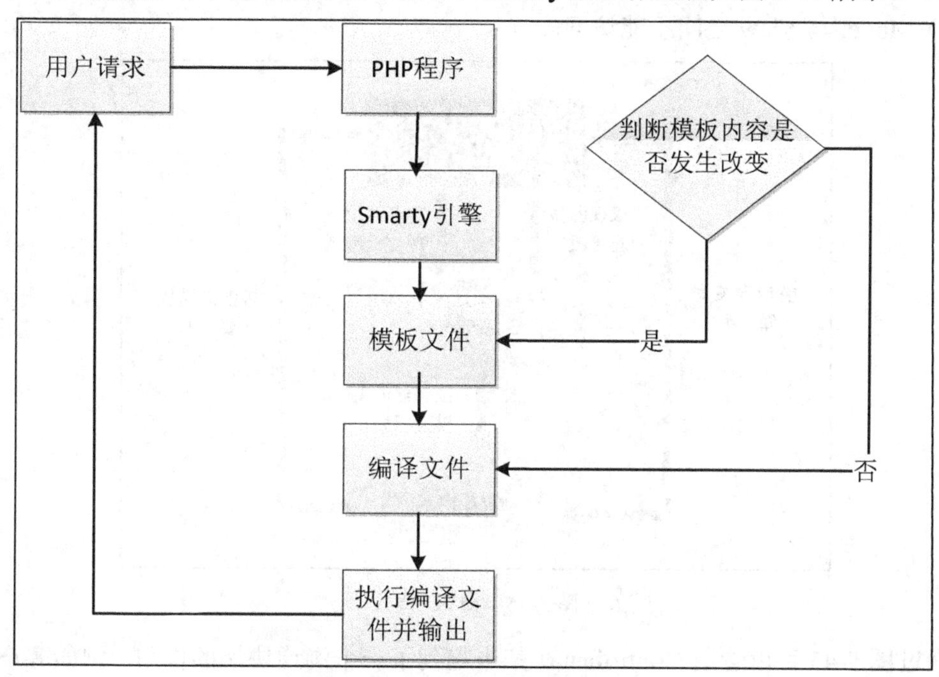

图 5-44　Smarty 工作流程图

现在是开发一个项目，不是立足于一个小论坛或者小型微博系统，可以输入下段代码简单地访问数据库。图书管理系统是一个中型的系统，采用 Smarty 模板能帮助进行很好的团队合作及管理系统开发。

子任务三　采用 MVC 设计模式建立工程文件

1. 什么是 MVC

MVC 是施乐帕克研究中心 (Xerox PARC)在 20 世纪 80 年代为编程语言 Smalltalk-80 发明的一种软件设计模式，至今已被广泛使用。MVC 是一个设计模式，它强制性的使应用程序的输入、处理和输出分开。使 MVC 应用程序被分成三个核心部件：模型、视图、控制器。

M: Model	模型	表示企业数据和业务规则。
V: View	视图	是用户看到并与之交互的界面 。
C: Controller	控制器	接受用户的输入并调用模型和视图完成用户的需求。

如图 5-45 所示，这三者的联系如下。

1）Controller 可以直接访问 View 和 Model。

2）View 与 Model 不能直接访问 Controller，只能通过特殊的方式传递消息到 Controller。

3）Model 与 View 之间不能访问。

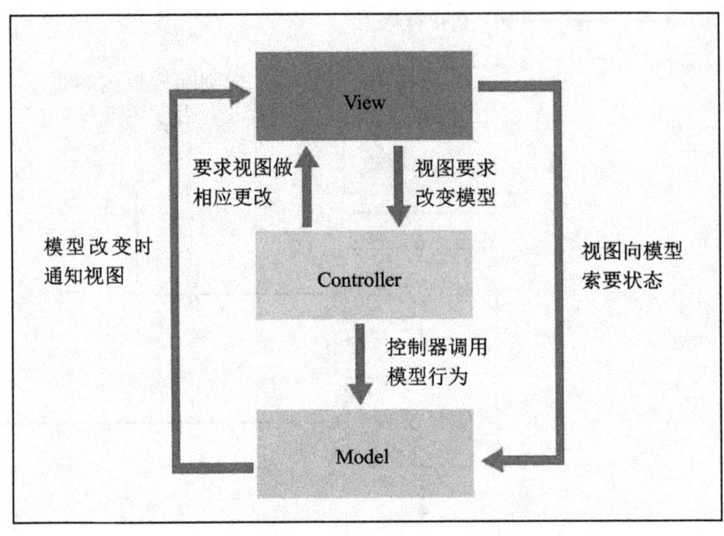

图 5-45　MVC 模式

通过图 5-45 可以看出 Controller 在其中起到了一个沟通协调的作用。例如客户去餐馆点菜（View），客户告诉服务员（Controller）要吃什么菜，然后服务员告诉厨师（Model）要做什么菜，而不是所有客户跑过去跟厨师说要做什么菜。在后续开发中可体会出 MVC 设计模式的妙处。

2. 为什么要 MVC

1）能够减少依赖。

2）能够减少代码的复制。

3）能够把不同人员的责任分开。

4）使性能优化成为可能。

5）易测试性。

读者学到这儿的时候，心里一定是升起了疑问，Smarty 是解决分工，MVC 好像也是解决分工？是不是重复的？不是。Smarty 是模板，解决前台美工和后台开发人员的分工；而 MVC 是设计模式，三层结构，将工程划分更细更明确。有人一定会问，为何要将完整的代码拆分这么细，这不是自找麻烦吗？当然不是，假设某制造公司需要做 1000 台笔记本电脑，请问是由 1000 个工人每人制作 1 台电脑速度快？还是将 1 台笔记本分成 1000 道工序，由 1000 个工人独立完成 1 道工序 1000 遍速度快？ 答案显然易见。

3. 建立工程文件夹

项目的开发由团队组成，因为人与人之间的差异在沟通上容易出现差错，因此建立共同的环境很有必要，前台美工和 PHP 程序开发人员分别独立开发，只要分别将自己的负责内容放在工程的对应包里即可。工程文件目录设计如图 5-46 所示。

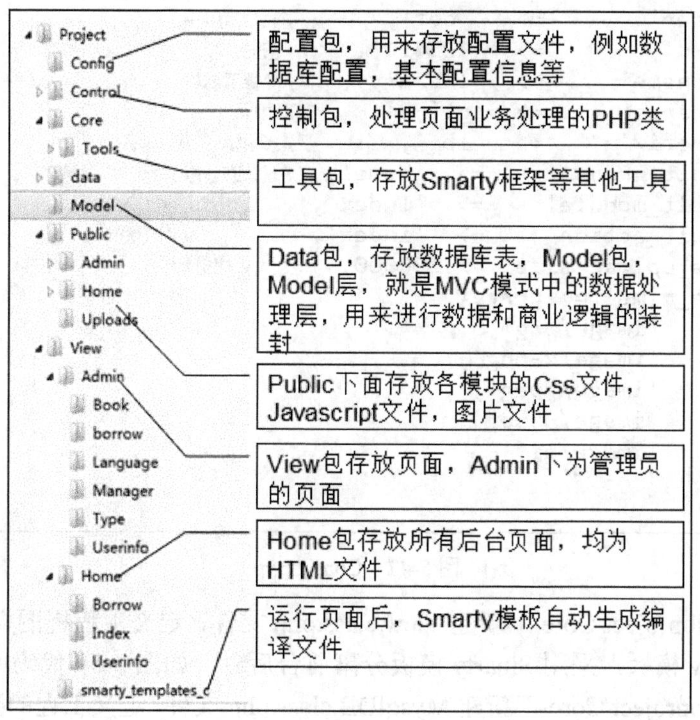

图 5-46　工程框架

子任务四　实现图书管理系统底层框架

1）在工程 lbproject/Core/Tools 下粘贴 Smarty 模板，在 lbproject/Public/Admin/js 下粘贴 jquery-1.8.3.js 文件。

2）在工程 lbproject/Config 下新建 Config.php 文件，设置系统全局默认配置内容，如图 5-47 代码所示。

3）在工程 lbproject/Core 下新建 Application.class.php 文件，这是工程的真正入口文件。它主要完成初始化工程目录、初始化核心文件、初始化访问路径、初始化自动加载，请求转发页面这些功能，如图 5-48 代码所示。

4）在工程 lbproject/Core 下新建 Model.class.php 文件，定义工程模型文件的父类。它主要完成解析表结构、插入数据、删除数据、更新数据、查询所有数据的功能，如

图 5-49 代码所示。

```
<?php
$config=array(
    'URL_MODEL'      => 2,
    'db_host'        =>  'localhost',//数据库主机
    'db_port'        =>  3306,       //端口
    'db_user'        =>  'root',     //数据库用户
    'db_pwd'         =>  '123456',   //密码
    'db_dbname'      =>  'library',  //数据库名称
    'db_charset'     =>  'utf-8',    //编码
    'db_prefix'      =>  'lb_',      //表前缀
    'default_group'      =>  'Home', //默认的分组
    'default_module'     =>  'Index',    //默认的模块
    'default_action'     =>  'index',        //默认的动作
    'image_upload_size' => 100000,       //图片大小
    'image_mime' => array(               //图书图片上传类型
            'image/png',
            'image/x-png',
            'image/jpeg',
            'image/pjpeg',
            'image/gif',
    ),
);
```

图 5-47　Config.php

5）在工程 lbproject/Core 下新建 View.class.php 文件，定义工程视图文件的父类，内容是继承 Smarty 模板，采用 Smarty 模板分离前台后台，如图 5-50 代码所示。

6）在工程 lbproject/Core 下新建 MysqlDB.class.php 文件，定义工程的数据库访问类，如图 5-51 代码所示。

7）在工程 lbprojecte 下新建 index.php，这是用户的入口文件，如图 5-52 所示。

Application.class.php 的难点解析如下。

1）程序从 run()开始，调用自身的静态方法，用 self 关键字。

2）大量字符串的拼接，用点号链接，让人眼花缭乱，学习编程的时候有时候需要一种“囫囵吞枣”的心态，因为太多细节的知识，不能一一深究，而是在运用过程中体会它的作用。

3）__FEIL__魔术变量，获取文件路径等相关信息。

4）spl_autoload_register，将函数注册到 SPL__autoload 函数栈中。如果该栈中的函数尚未激活，则激活它们。

5）三目运算符（表达式 1）?（表达式 2）:（表达式 3），如果表达式 1 成立则返回表达式 2 的结果，否则返回表达式 3。三目运算符可以当做一个简单的 if...else...判断语句。

```
<?php
class Application {
    /**
     * 初始化工程目录常量
     */
    private static function _initDirConst() {
        define ( 'ROOT', str_replace ( "\\", "/",
        dirname ( dirname ( __FILE__ ) ) ) ); // 定义根路径
        define ( 'CONFIG_DIR', ROOT . '/Config' ); // 配置文件路径
        define ( 'CONTROL_DIR', ROOT . '/Control' ); // 控制器路径
        define ( 'CORE_DIR', ROOT . '/Core' ); // 核心路径
        define ( 'MODEL_DIR', ROOT . '/Model' ); // 模型路径
        define ( 'PUBLIC_DIR', ROOT . '/Public' ); // 资源路径
        define ( 'UPLOAD_DIR', PUBLIC_DIR . '/Uploads/' ); // 上传路径
        define ( 'VIEW_DIR', ROOT . '/View' ); // 视图（模板）路径
        define ( 'TOOLS_DIR', CORE_DIR . '/Tools' ); // 工具类
    }

    // 初始化核心文件
    private static function _initInclude() {
        include (CONFIG_DIR . '/Config.php');
        include (CORE_DIR . '/MysqlDB.class.php');
        include (CORE_DIR . '/Model.class.php');
        include (TOOLS_DIR . '/Smarty/Smarty.class.php');
        include (TOOLS_DIR . '/Page.class.php');
        include (TOOLS_DIR . '/ImageFile.class.php');
        include (CORE_DIR . '/View.class.php');
        include (CORE_DIR . '/Control.class.php');
        $GLOBALS ['config'] = $config;
    }

    /**
     * 初始化URL参数，访问路径
     */
    private static function _initParams() {
        if ($GLOBALS ['config'] ['URL_MODEL'] == 1) {
            $group = isset ( $_GET ['group'] ) ? $_GET ['group']
             :$GLOBALS ['config'] ['default_group'];
            $module = isset ( $_GET ['module'] ) ? $_GET ['module']
             :$GLOBALS ['config'] ['default_module'];
            $action = isset ( $_GET ['action'] ) ? $_GET ['action']
            :$GLOBALS ['config'] ['default_action'];
        } else if ($GLOBALS ['config'] ['URL_MODEL'] == 2) {
        // http://www.study.com/index.php?分组/模块/动作/id/10/flag/20
            $str = $_SERVER ['QUERY_STRING'];
            if (empty ( $str )) {// 分组/模块/动作/参数名1/值1/参数名2/值2
                $str = $GLOBALS ['config'] ['default_group'] . '/'
                 .$GLOBALS ['config'] ['default_module'] . '/' .
                $GLOBALS ['config'] ['default_action'];
            }
            $url = explode ( '/', $str ); // 分割字符串
            $count = count ( $url );
```

图 5-48　Application.class.php

```
            $group = $url [0]; // 分组名
            $module = $url [1]; // 模块名
            $action = $url [2]; // 动作名
            for($i = 3; $i < $count; $i += 2) {
                $_GET [$url [$i]] = $url [$i + 1];
            }
        }
        // ucfirst设置第一个字母为大写
        $group = ucfirst ( strtolower ( $group ) );
        // strtolower设置字符串全部小写
        $module = ucfirst ( strtolower ( $module ) );
        define ( 'GROUP', $group );
        define ( 'MODULE', $module );
        define ( 'ACTION', $action );
    }

    /**
     * 初始化类的自动加载机制
     */
    private static function _initAutoload() {
        spl_autoload_register ( array (
                __class__,
                'autoload'
        ) );
    }

    private static function autoload($classname) {
        if (is_file ( MODEL_DIR . '/' . "$classname.class.php" )) {
            include (MODEL_DIR . '/' . $classname . '.class.php');
        } else {
            Control::error ( 'index.php', '请正常访问', 1 );
            exit ( 0 );
        }
    }

    /**
     * 请求转发
     */
    private static function _initDispatch() {
        $control = MODULE . 'Control';
        $action = ACTION;
        if (is_file ( 'Control/' . GROUP . '/' . $control
            . '.class.php' )) {
            include ('Control/' . GROUP . '/' . $control
            . '.class.php');
        } else {
            Control::error ( 'index.php', '请正常访问', 1 );
            exit ( 0 );
        }
        $obj = new $control ();
        $obj->$action ();
    }
```

图 5-48　Application.class.php（续）

```
    /**
     * 开始运行，文件的入口文件
     */
    public static function run() {
        self::_initDirConst (); // 初始化目录常量
        self::_initInclude (); // 初始化文件包含
        self::_initParams (); // 初始化请求参数
        self::_initAutoload (); // 初始化自动加载
        self::_initDispatch (); // 请求转发
    }
}
```

图 5-48　Application.class.php（续）

```
<?php
class Model {
    protected $db; // MysqlDB类对象
    protected $_fields = array (); // 数据表结构
    protected $_pk; // 表中的主键

    // 构造函数
    public function __construct() {
        $this->db = MysqlDB::getInstance ();
        $this->_getFields ();
    }

    // 构造表名（前缀+表的真实名字）
    protected function getTableName() {
        return $this->db->prefix () . $this->tablename;
    }
    // 解析表结构
    private function _getFields() {
        $sql = "desc {$this->getTableName()}";
        $this->db->query ( $sql );
        $fieldCount = $this->db->num_rows (); // 字段总数
        for($i = 0; $i < $fieldCount; $i ++) {
            $row = $this->db->fetch_assoc (); // 获取一行数据
            // 将字段名放到fields属性数组中
            $this->_fields [] = $row ['Field'];
            if ($row ['Key'] == 'PRI') // 如果是主键
                $this->_pk = $row ['Field']; // 将主键字段名放在pk属性中
        }
    }

    /**
     * 数据过滤功能
     * @param array $data: 所有要过滤的数据
     * @return array
     */
    private function _dataFilter($data) {
        $keys = array_keys ( $data );
        $row = array (); // 空数组
        foreach ( $keys as $value ) {
            if (in_array ( $value, $this->_fields )) {
                $row [$value] = $data [$value];
            }
        }
        return $row;
    }

    /**
     * 自动数据录入功能
     * @param array $data:要录入的数据的数组 '字段名'=>值,'字段名'=>值
     */
    public function insert($data) {
        $data = $this->_dataFilter ( $data );
        $keys = array_keys ( $data );
```

图 5-49　Model.class.php

```
        $values = array_values ( $data );
        $sql = "insert into {$this->getTableName()}
        (" . implode ( ',', $keys ) . ") ";
        $sql .= "values ('";
        $sql .= implode ( "','", $values );
        $sql .= "')";
        $this->db->query ( $sql );
        return $this->db->insert_id ();
    }

    /**
     * 自动数据删除功能
     * @param int $id:要被删除的数据ID
     */
    public function delete($id) {
        $sql = "delete from {$this->getTableName()} where
        {$this->_pk}='$id'";
        $this->db->query ( $sql );
        return $this->db->affected_rows ();
    }

    /**
     * 自动数据修改功能
     * @param array $data: 要修改的数据的数组 '字段名'=>值,'字段名'=>值
     * @return int
     */
    public function update($data) {
        $data = $this->_dataFilter ( $data );
        $sql = "update {$this->getTableName()} set ";
        // 循环遍历参数数组
        foreach ( $data as $key => $value ) {
            // 如果当前元素的名和主键名相同，则不连接字符串
            if ($key == $this->_pk)
                continue;
            $sql = $sql . $key . "='" . $value . "',";
        }
        $sql = rtrim ( $sql, ',' ); // 去掉最后一个逗号
                                    // 连接修改条件
        $sql .= ' where ' . $this->_pk . "='" .
        $data [$this->_pk] . "'";
        $this->db->query ( $sql );
        return $this->db->affected_rows ();
    }

    /**
     * 查询所有数据
     * @return array
     */
    public function fetchAll() {
        $sql = "select * from {$this->getTableName()}
        order by $this->_pk asc";
```

图 5-49　Model.class.php（续）

```
        $data = array ();
        $this->db->query ( $sql );
        $num = $this->db->num_rows ();
        for($i = 0; $i < $num; $i ++) {
            $data [] = $this->db->fetch_assoc ();
        }
        return $data;
    }

    /**
     * 查询一条数据
     * @param int $id 数据的唯一标识
     * @return array
     */
    public function fetchRow($id) {
        $sql = "select * from {$this->getTableName()}
        where {$this->_pk}='$id'";
        $this->db->query ( $sql );
        $row = $this->db->fetch_assoc ();
        return $row;
    }

    /**
     * 批量删除功能
     * @param array $data:要被删除的数据的id数组
     * @return int
     */
    public function deleteAll($data) {
        $where = implode ( ',', $data );
        $sql = "delete from {$this->getTableName()} where
         {$this->_pk} in (" . $where . ")";
        $this->db->query ( $sql );
        return $this->db->affected_rows ();
    }
}
```

图 5-49　Model.class.php（续）

Model.class.php 的难点解析如下。

1）数据库访问核心设计。虽然代码看起来较复杂，其实核心思想很简单，是常用的插入、删除、更新和查询语句，用字符串连接符号链接起来，这样让代码变得非常灵活和自由。

2）两个常用的字符串处理。implode()将字符串拼接，explode()将字符串分解。

```
<?php
class View extends Smarty {
}
```

图 5-50　View.class.php

```
<?php
class MysqlDB{
    private $host;        //主机地址
    private $port;        //端口
    private $username;    //用户名
    private $password;    //密码
    private $database;    //数据库
    private $charset;     //编码
    private $prefix;      //表前缀
    private $link;        //链接资源
    private $result;      //结果集资源
    private static $instance;    //当前类的对象

    public static function getInstance(){    //创建对象单例模式方法
        if(!(self::$instance instanceof self)){
            self::$instance=new self();
        }
        return self::$instance;
    }

    private function __clone(){ //防止对象克隆
    }

    //参数 param ：所有数据库相关信息，默认为空数组
    private function __construct($param=array()){
        //判断是否传递数组元素，如果传递，使用传递的值，否则使用默认值
        $this->host=isset($param['host'])?$param['host']:
        $GLOBALS['config']['db_host'];
        $this->port=isset($param['port'])?$param['port']:
        $GLOBALS['config']['db_port'];
        $this->username=isset($param['username'])?$param['username']
        :$GLOBALS['config']['db_user'];
        $this->password=isset($param['password'])?$param['password']
        :$GLOBALS['config']['db_pwd'];
        $this->database=isset($param['database'])?$param['database']
        :$GLOBALS['config']['db_dbname'];
        $this->charset=isset($param['charset'])?$param['charset']:
        $GLOBALS['config']['db_charset'];
        $this->prefix=isset($param['prefix'])?$param['prefix']:
        $GLOBALS['config']['db_prefix'];
        $this->connect();
        $this->select_db();
        $this->setcharset();

    }

    //连接服务器，将链接资源保存到当前对象的 Link 属性中
    private function connect(){
        $this->link=mysql_connect($this->host,$this->username,
                $this->password);
    }

```

图 5-51　Mysqldb.class.php

```
    //选择数据库
    private function select_db(){
        mysql_select_db($this->database,$this->link);
    }

    //设置编码
    private function setcharset(){
        mysql_query('set names '.$this->charset,$this->link);
    }

    //返回表前缀
    public function prefix(){
        return $this->prefix;
    }

    //发送sql语句
    public function query($query){
        $this->result=mysql_query($query,$this->link);
    }

    //获取结果集中一行数据
    public function fetch_assoc(){
        return mysql_fetch_assoc($this->result);
    }

    //获取结果集中总行数
    public function num_rows(){
        return mysql_num_rows($this->result);
    }

    //获取最后一次插入数据的ID值
    public function insert_id(){
        return mysql_insert_id($this->link);
    }

    //获取受影响行数
    public function affected_rows(){
        return mysql_affected_rows($this->link);
    }
    //关闭链接
    public function close(){
        mysql_close($this->link);
    }
    //析构函数
    public function __destruct(){
        $this->close();
    }
}
```

图 5-51　Mysqldb.class.php（续）

```
<?php
    include('Core/Application.class.php');
    Application::run();

```

图 5-52　index.php

任务小结

本任务主要学习和掌握 PHP 的一些基本规则、条件语句、循环设计、数组、内建函数和自定义函数、面向对象的类、继承、抽象、接口以及 Smarty 模板技术、MVC 设计模式，并采用 Smarty 模板完成了初步的数据库访问层的设计。本项目为后面的模块开发奠定基础。

本任务完成后，维护开发阶段项目进度为完成一个项目，开发阶段进度为 20%，自动计算总项目完成率为 33%，如图 5-53 所示。

任务名称	工期	开始时间	完成时间	前置任务	资源名称	完成百分比
- 图书管理系统	61 个工作日	2014年5月6日	2014年7月29日		项目经理	33%
+ 需求阶段	11 个工作日	2014年5月6日	2014年5月20日		规划组	100%
+ 设计阶段	13 个工作日	2014年5月21日	2014年6月6日		开发组	100%
- 开发阶段	20 个工作日	2014年6月9日	2014年7月4日		开发组	20%
数据库数据库访问层设计与实现	10 个工作日	2014年6月9日	2014年6月20日	11	开发组	100%
后台管理员模块设计与实现	10 个工作日	2014年6月23日	2014年7月4日	13	开发组员1	0%
后台图书档案管理模块设计与实现	10 个工作日	2014年6月9日	2014年6月20日	11	开发组员2	0%
首页设计与实现	10 个工作日	2014年6月23日	2014年7月4日		开发组员3	0%
图书借还模块设计与实现	10 个工作日	2014年6月23日	2014年7月4日		开发组员4	0%
+ 测试阶段	21 个工作日	2014年6月16日	2014年7月14日		规划组长	0%
+ 验收阶段	11 个工作日	2014年7月15日	2014年7月29日		项目经理	0%

图 5-53　项目进度

将本任务的要点填在图 5-54 中。

图 5-54　任务五要点回顾

巩固与提高

1）请找出下面这段代码的错误。

```
<?php
  $5hongbao=50
```

```
    echo $$5hongbao;
?>
```

2）“如果是星期一我就要吃苹果，否则我要吃香蕉”请用 IF…ELSE 语句写出这段代码。

3）“如果是周一我就吃苹果，如果是周二我就吃梨，如果是周三我就吃西瓜，如果是周四我就吃菠萝，如果是周五我就吃哈密瓜，否则我就吃荔枝”。请用 Switch 语句写出这段代码。

4）现在你有存款 10000 元，存在银行，每天有 1 元的利息，请用 For 循环统计 300 天后的存款加利息。

5）班级里有班干部，请用数组表示班干部的成员，例如班长、学习委员、劳动委员、文娱委员。

6）请写一个函数，计算长方体的体积，长方体的长宽高分别为（5，5，10）、（12，10，15）、（10，10，20）。

7）搜一搜，查一查，PHP 常用的内建函数有哪些？请分别列举 5 个，并说明作用。

8）Smarty 的原理是怎样的？

任务六 管理员模块设计与实现

引言：

管理员，顾名思义指管理整个后台的数据的人。管理员掌管着后台的数据维护，是一名默默的奉献者，也只有后台数据严谨、正确，在用户端才能有正确的输出。

学习目标

1）掌握 MVC 设计模式的应用。

2）AJAX 异步验证。

图书管理系统的基本模块功能大致分为读者管理、类别管理、语言管理、图书信息管理、借还管理，具体功能设计如图 6-1 所示。

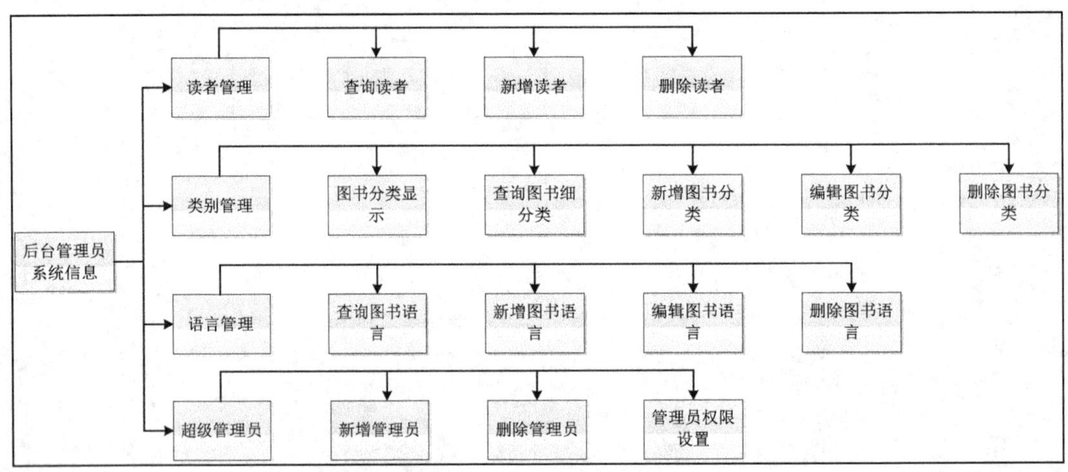

图 6-1　图书管理基本模块

子任务一　设计和实现超级管理员登录模块

1. 设计超级管理员登录

设计超级管理员登录。因后台管理员的特殊性，一般不通过注册的方式建立管理员，而是数据库管理员直接在 lb_manager 里插入管理员信息。因此第一步设计后台登录界面，如图 6-2 所示；登录后台后显示功能模块导航界面，如图 6-3 所示。

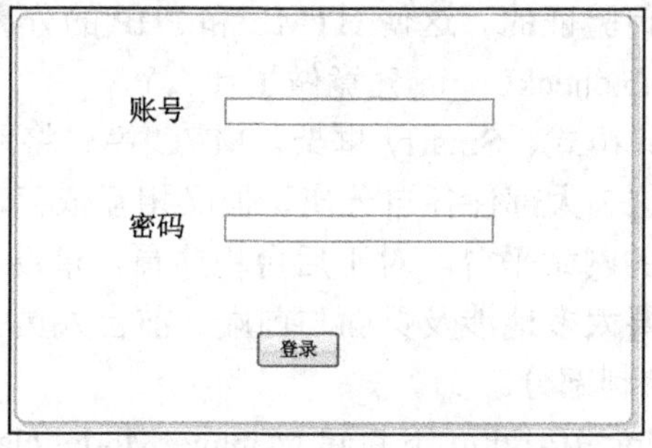

图 6-2　后台管理页面设计

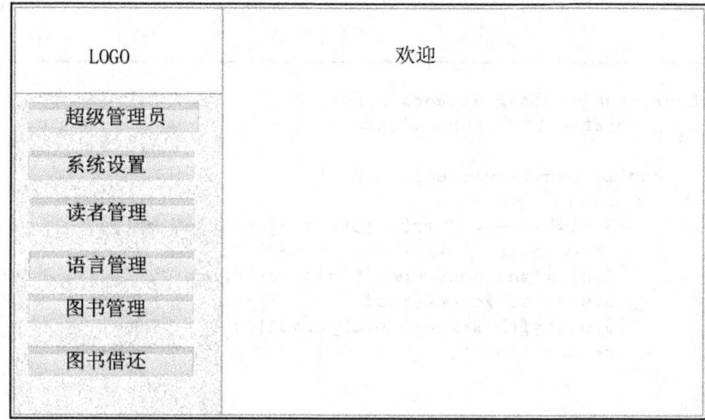

图 6-3　后台管理页面设计

2. 实现超级管理员登录

1）在任务五已建好的目录结构 View/Admin/Manager 下新建 login.html 文件，如图 6-4 所示。

```
<!DOCTYPE html>
<html>
<head>
<meta http-equiv="Content-Type" content="text/html; charset=utf-8"/>
<title>图书管理系统</title>
</head>

<body>
    <form name="form" method="post"
    action="index.php?Admin/Manager/checkLogin">
        <p> 账号:
        <input type="text" name="username">
        </p>
        <p>密码:
        <input type="password" name="password">
        </p>
        <input type="submit" name="submit" value="登录">
    </form>
</body>
</html>
```

图 6-4　login.html 文件

难点讲解：前台登录页面非常简洁大方，只设计了简单的段落标签<p>、文本输入框<input>以及提交按钮，当然其中涉及了验证 checkLogin，对于验证这部分，前台人员可以不用关心后台人员如何验证的。这使 HTML 和 PHP 的分离显得简单。

现在大家肯定非常关心 checkLogin 究竟做了什么？

本项目采用 MVC 设计模式、Smarty 框架。MVC 模式将网站分为 3 大部件，分别为模型、视图、控制器。这 3 大部件各自分离，但又相互依存，最终形成了一个容易维护、容易扩展、高效运行的网站平台。对于后台程序员，借助于 MVC 模式可以更加专注于功能的实现，而不需要太多地涉及页面与前端。前台人员完成 MVC 的 V 部分，后台人员负责 M 模型和 C 控制部分。

2）在工程 lbproject/Model/Admin 下新建 ManagerModel.class.php 文件，如图 6-5 所示，ManagerModel 继承了父类 Model，主要实现登录验证的 sql 语句，以及管理员登录信息的更新。

```php
<?php
    class ManagerModel extends Model{
        protected $tablename='manager';

        public function checkLogin(){
            //生成sql语句
            $sql="select * from {$this->getTableName()}
            where name='{$this->username}' ";
            $sql.="and password='$this->password'";
            $this->db->query($sql);              //执行查询
            $count=$this->db->fetch_assoc();     //获取一行记录
            return $count;                       //将行数返回
        }

        public function checkTypeOne($username){
            $sql="select * from {$this->getTableName()}
            where name ='{$username}'";
            $this->db->query($sql);
            $row=$this->db->fetch_assoc();
            return $row;
        }

        public function updateLoginInfo($id){
            //生成sql语句
            $time=time();
            $data=array(
                'id'=>$id,
                'logintime'=>$time,
                'loginip'=>$_SERVER["REMOTE_ADDR"]
            );
            $this->update($data);    //执行修改
        }

        public function charset(){
            //生成sql语句
            $sql ="show variables like 'character_set_system'";
            $this->db->query($sql);
            $charset= $this->db->fetch_assoc();
            return $charset;
        }
    }
```

图 6-5 ManagerModel.class.php 文件

3）在工程 lbproject/Control/Admin 下新建 ManagerControl.class.php 文件，编写 checkLogin 方法如图 6-6 所示，负责登录的逻辑验证。

4）在 lbproject/View/Admin/Manager 下新建后台首页 index.html 文件，如图 6-7 所示。

5）在 lbproject/View/Admin/Manager 下新建 body.html、header.html、menu.html、systeminfo.html 文件，参考代码资源库。

6）在 lbproject/Public/Admin/js 下新增 showtable.js，设置后台首页的表格是否显示的效果。如图 6-8 所示。

7）http://localhost:8090/ project/index.php?Admin/Manager/login.html 验证画面，如图 6-9 所示，登录成功则进入后台首页如图 6-10 所示。到此已完成了用户从登录到验证然后跳转首页整个过程，MVC 三层设计模式非常清晰明了。

3. 设计和实现超级管理员权限

1）设计超级管理员权限。选择超级管理员可以新增管理员，因管理员的安全性和特殊性要求，不是由用户注册完成，而是由超级管理员身份添加、删除以及设置，如图 6-11 和图 6-12 所示。

```
    public function checkLogin() { // 验证登录功能
        if (isset ( $_POST ['submit'] )) {
            // 对提交的表单数据取值
            $username = $_POST ['username'];
            $password = md5 ( $_POST ['password'] );
            // 创建模型对象
            $Manager = new ManagerModel ();
            // 为模型对象Manager属性赋值
            $Manager->username = $username;
            $Manager->password = $password;
            // 调用检查用户和密码方法
            $count = $Manager->checkLogin ();
            // 判断返回行数
            if ($count > 0) {
                // 登录成功
                $_SESSION ['count'] = $count;
                $Manager->updateLoginInfo ( $count ['id'] );
                $this->jump ( 'index.php?Admin/Manager/index' );
            } else {
                // 登录失败
                $this->error ( 'index.php?Admin/Manager/login' );
            }
        }
    }
```

图 6-6　ManagerControl.class.php 文件里 checkLogin 方法

```
<!DOCTYPE html>
<html>
<head>
<meta http-equiv="Content-Type"
content="text/html; charset=utf-8" />
<link rel="stylesheet" type="text/css"
 href="Public/Admin/css/admin.css">
<title>图书管理系统</title>
</head>

<frameset rows="*" cols="200,*" framespacing="0" frameborder="1"
 border="false" id="frame" scrolling="yes">
  <frame name="left" scrolling="auto" marginwidth="0"
  marginheight="0" src="index.php?Admin/Manager/menu">
  <frame name="main" scrolling="auto" marginwidth="0"
  marginheight="0" src="index.php?Admin/Manager/body">
</frameset>
<noframes>
<body leftmargin="2" topmargin="0" marginwidth="0" marginheight="0">
<p>Please Use IE 5.0</p>
</noframes>
</body>
</html>
```

图 6-7　index.html 文件

```
function show(obj) {
    obj.style.background = "#b6c6d7";
    obj.style.textShadow = "0 1px 0 #FFF";
}

function noshow(obj) {
    obj.style.background = "";
}
```

图 6-8　showtable.js

账号：simer

密码：●●●●●●

登录

图 6-9　后台登陆

2）实现超级管理员权限。在 View/Admin/Manager/里新建 admininsert.html，在 ManagerControl 里新增 Manager 的 insert 方法，然后在 View/Admin/Manager/里新建 adminuser.html 文件，与登录后台管理员的思路一致，因篇幅问题，这里不展示详细代码，请读者参考源代码库。

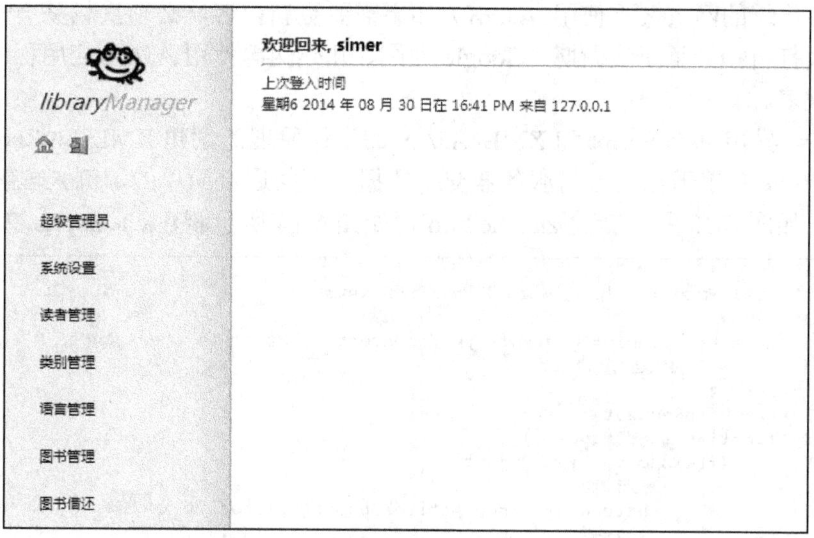

图 6-10 后台首页

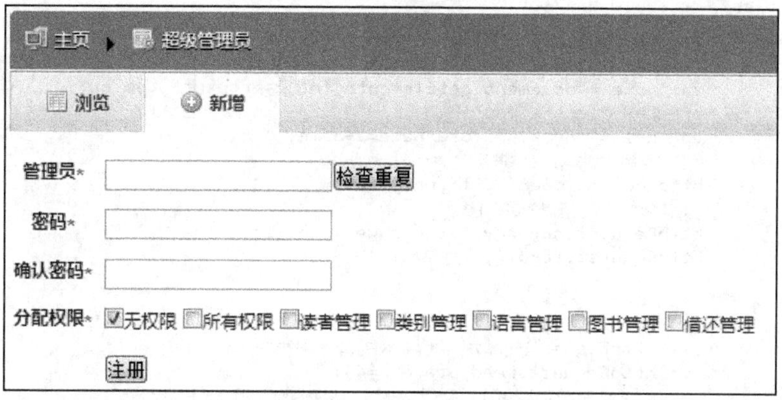

图 6-11 新增管理员

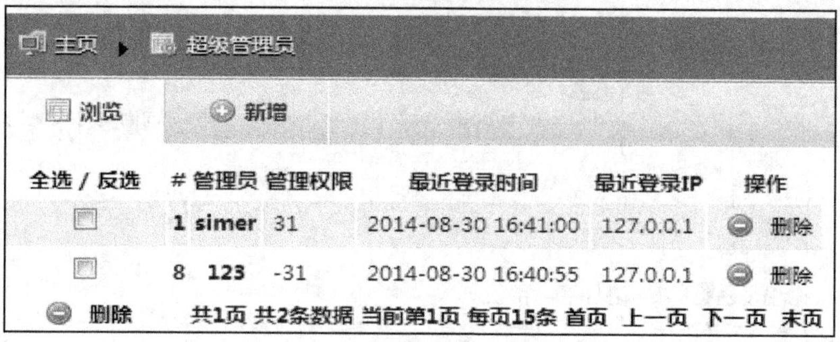

图 6-12 管理员列表

3）难点 1 讲解：其中为了用户的较好体验，AJAX 异步验证也较多。AJAX 的核心是在不重新加载整个网页的情况下，对网页的某部分验证和更新，所以 AJAX 传输的内容有验证网址、参数以及返回结果。AJAX 不是新的编程语言，而是一种使用现有标准的新方法。传统的网页（不使用 AJAX）如果需要更新内容，必须重载整个网页，这对用户体验大打折扣，而新浪微博、Google 地图、开心网等使用 AJAX 应用程序，用户体验则改善很多。

AJAX = 异步 JavaScript 和 XML。AJAX 的工作原理是创建 XMLHttpRequest 对象，XMLHttpRequest 用于在后台与服务器交换数据。下面通过简单的示例来理解 AJAX 的工作原理，如图 6-13 所示新建 zhuche.html，如图 6-14 所示新建 check.php 文件。

```
<!DOCTYPE html>
<html xmlns="http://www.w3.org/1999/xhtml">
<head>
<meta http-equiv="Content-Type" content="text/html; charset=utf-8"/>
<title>无标题文档</title>
<script>
 var httpRequest ;
 function sendRequest(){
     if(window.ActiveXObject){
            //说明用户是ie浏览器
            httpRequest=new ActiveXObject("Microsoft.XMLHTTP");
            }else{
            //别的浏览器
            httpRequest=new XMLHttpRequest();
            }
     if(httpRequest){
      //获取用户输入的用户名
      var name = document.getElementById("user_name").value;
      //将用户名传入check.php文件验证
      var url ="check.php?username="+name;
      //采用get方式传输，也意味着直接在浏览器地址传输
      httpRequest.open("GET",url,true);
      //通过chuli()函数返回验证结果
      httpRequest.onreadystatechange = chuli;
      httpRequest.send();//为post而设计
     }
 }
    function chuli(){
        //httpRequest请求状态，4代表请求已完成，且响应已就绪
       if(httpRequest.readyState ==4){
          //请求返回的状态200: "OK" 404: 未找到页面
          if(httpRequest.status ==200){
                var res=httpRequest.responseText;
                if(res=="error"){
                document.body.all.myres.value="该用户不可用吧";
                document.getElementById("user_name").value="";
                }else{
                  document.body.all.myres.value="恭喜，你可使用该用户名吧";
                }
          }
       }
    }
</script>
</head>
<form action="" method="post">
用户名<input type="text" name="user_name" id="user_name" />
<input type="button" onclick="sendRequest()" value="验证用户" />
 <input style="border-width: 0" type="text" id="myres"><br/>
密码<input type="password" name="password" /><br/>
邮箱<input type="text" name="email" /><br/>
<input type="submit" value="注册" /><br/>
</form>
</html>
```

图 6-13　AJAX 验证注册

```php
<?php
    mysql_connect("localhost","root","123456");
    mysql_select_db("library");
    mysql_query("set names gbk");
    $username = $_GET['username'];
    $sql = "select * from user where name = '$username'";
    $query  = mysql_query($sql);
    $rs = mysql_fetch_array($query);
    if($rs == null){
        echo "ok";
     }
    else {
          echo "error";
    }
?>
```

图 6-14　AJAX 验证 check.php

用户在注册页面输入心仪的名字，光标离开时，通过 XMLHttpRequest 创建请求到服务端验证该用户名是否已注册过，再将结果反馈给用户，这样实现无刷新验证。在实现超级管理员权限时用到了大量的 AJAX 验证，希望读者通过以上示例能举一反三理解每一个验证。

4）难点 2 讲解：{$value['logintime']|date_format:'%Y-%m-%d %H:%M:%S'}这个属于 Smarty 框架里时间戳格式化的方法。

5）在 lbproject/Public/Admin/js 下新增 checkbox.js，实现全选、反选效果，如图 6-15 所示。

```javascript
function checkAll(formvalue) {
    var roomids = document.getElementsByName(formvalue);
    for ( var j = 0; j < roomids.length; j++) {
        if (roomids.item(j).checked == false) {
            roomids.item(j).checked = true;
        }
    }
}

function switchAll(formvalue) {
    var roomids = document.getElementsByName(formvalue);
    for ( var j = 0; j < roomids.length; j++) {
        roomids.item(j).checked = !roomids.item(j).checked;
    }
}
```

图 6-15　checkbox.js

子任务二　设计和开发读者功能模块

1. 设计读者功能模块

1）读者信息的维护有两种方式，一种是在前台注册，另一种是在后台注册处理。设计在后台注册读者信息如图 6-16 所示。

图 6-16　新增读者管理

2）注册完毕列出所有读者信息，目的是方便管理员统计信息以及统一管理，包含细节的处理，全选、反选功能，分页功能，如图 6-17 所示。

全选 / 反选	#	用户名	真实姓名	身份证	注册时间	地址	电话	操作
☐	90	李四	cooky	123981290234324	2014-08-11 14:58:32	惠州市惠城区技师学院	123123	删除
☐	91	赵三	cooky	123981290234324	2014-08-11 14:58:32	惠州市惠城区技师学院	123123	删除
☐	119	丽时	cooky		2014-08-11 14:36:45	惠州市惠城区技师学院	123	删除
☐	120	张三	cooky	789	2014-08-11 14:38:10	惠州市惠城区技师学院	789	删除
☐	121	王五	cooky	123981290234324	2014-08-11 14:57:41	惠州市惠城区技师学院	1343357656	删除
☐	122	丽丽	cooky	123981290234324	2014-08-11 14:58:32	惠州市惠城区技师学院	13433576567	删除
☐	123	米米	cooky	123981290234324	2014-08-11 14:58:36	惠州市惠城区技师学院	13433576567	删除
☐	124	嘻嘻	cooky	123981290234324	2014-08-11 14:58:36	惠州市惠城区技师学院	13433576567	删除
☐	125	呱呱	cooky	123981290234324	2014-08-11 14:58:36	惠州市惠城区技师学院	13433576567	删除
☐	126	hello	cooky	123981290234324	2014-08-11 14:58:36	惠州市惠城区技师学院	13433576567	删除
☐	127	梅梅	cooky	123981290234324	2014-08-11 14:58:36	惠州市惠城区技师学院	13433576567	删除
☐	128	兰兰	cooky	123981290234324	2014-08-11 14:58:36	惠州市惠城区技师学院	13433576567	删除
☐	129	扎扎	cooky	123981290234324	2014-08-11 14:58:36	惠州市惠城区技师学院	13433576567	删除
☐	136	小明	cooky	123981290234324	2014-08-11 14:58:36	惠州市惠城区技师学院	13433576567	删除
☐	141	小红	cooky	123981290234324	2014-08-11 14:58:36	惠州市惠城区技师学院	13433576567	删除

删除　　共5页 共64条数据 当前第1页 每页15条 首页 上一页 下一页 末页

图 6-17　读者信息维护

3）当某些读者违反借阅条例或其他原因时可以选择删除读者，弹出提示信息框如图 6-18 所示。

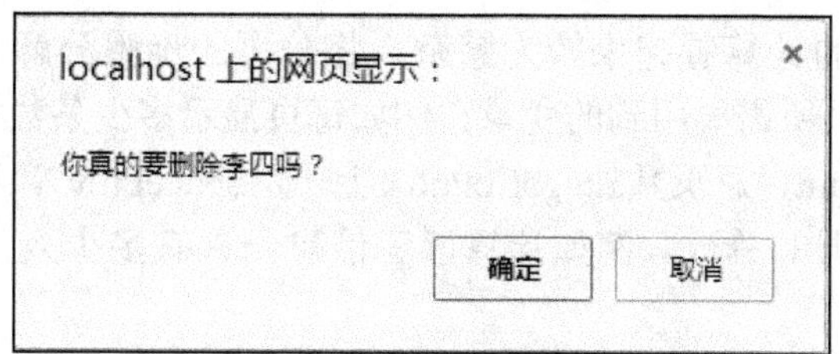

图 6-18　删除提示信息

4）也可以批量删除读者信息如图 6-19 所示。

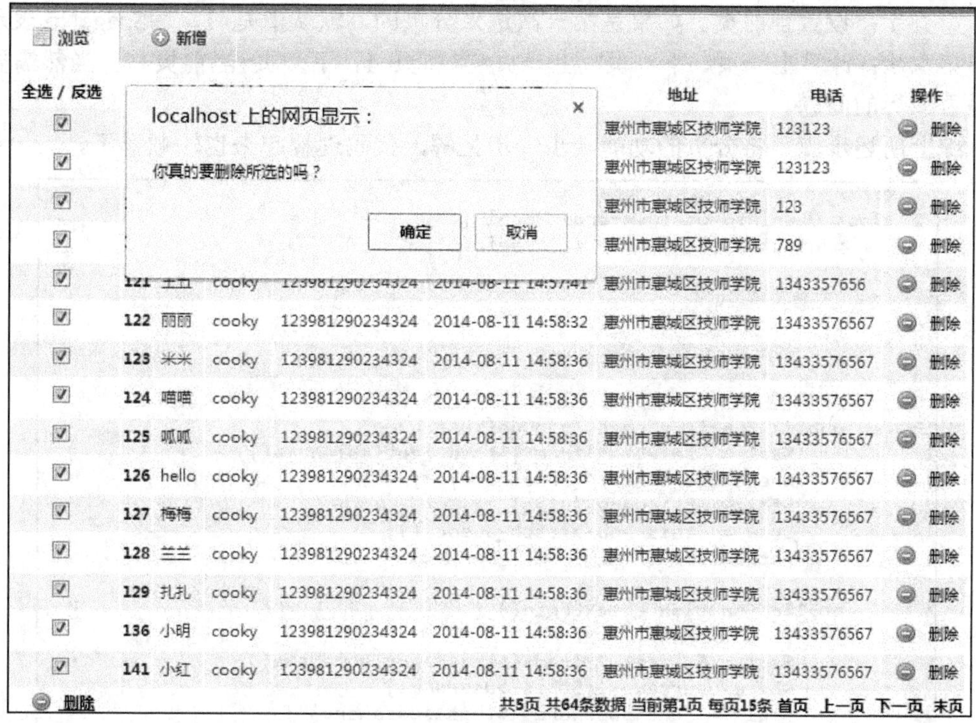

图 6-19　批量删除

2. 实现读者功能模块

1）在工程 lbproject/Model/Admin 下新建 UserinfoModel.class.php 文件，如图 6-20 所示。

2）在工程 lbproject/Control/Admin 下新建 UserinfoControl.class.php 文件，如图 6-21 所示。

3）在工程 lbproject/Core/Tools 下新建 Page.class.php，完成分页设计，如图 6-22 所示。

4）在工程 lbproject/View/Userinfo 下新建 userinsert.html 文件。

5）在工程 lbproject/View/Userinfo 下新建 useradmin.html 文件，分页显示代码，如图 6-23 所示。

难点解析：分页的计算看起来较为繁杂，将分页的步骤分解出来，理解较为容易。

第一步：定义分页所需要用到的变量。例如每页显示多少条数据$pageSize，一共有多少条数据需要分页$count，总页数$pageCount，上一页$pagePrev ，下一页$pageNext 等。

第二步：计算数据的总数。例如计算读者信息一共有多少人：select count(*) as num from lb_userinfo。

第三步：设置每页显示多少条数据。例如 15 条，存入$pageSize。

第四步：计算有多少页。30/15=2，40/15=2.6 变成 3 存入$pageCount。这里采用了向上取整的函数 ceil(总数/每页的数据) → ceil（$count /$pageSize）。

第五步：设置当前页。如果是第一次进入分页的，默认值是 1，用$pageNo 表示。

第六步：计算上一页、下一页。上一页=当前页-1，下一页=当前页+1，当然需要判断是否越界的问题。

综上所述步骤，将分页的功能一步一步瓦解，代码理解起来也较顺畅了。

```
<?php
class UserinfoModel extends Model {
    protected $tablename = 'userinfo';
    /**
     * 查询一条数据
     * @param int $id
     *   数据的唯一标识
     * @return array
     */
    public function checkTypeOne($username) {
        $sql = "select * from {$this->getTableName()}
        where username ='{$username}'";
        $this->db->query ( $sql );
        $row = $this->db->fetch_assoc ();
        return $row;
    }
    public function checkLogin() {
        // 生成sql语句
        $sql = "select * from {$this->getTableName()}
        where username='{$this->username}' ";
        $sql .= "and password='$this->password'";
        $this->db->query ( $sql ); // 执行查询
        $count = $this->db->fetch_assoc (); // 获取一行记录
        return $count; // 将行数返回
    }
    public function updateLoginInfo($id) {
        // 生成sql语句
        $time = time ();
        $data = array (
                'id' => $id,
                'logintime' => $time,
                'loginip' => $_SERVER ["REMOTE_ADDR"]
        );
        $this->update ( $data ); // 执行修改
    }
}
```

图 6-20 UserinfoModel.class.php 文件

```
<?php
    class UserinfoControl extends Control {
        public function __construct(){
            if(ACTION!='login'){
                session_start();
                if(!isset($_SESSION['count'])){
                    $this->jump('index.php?Admin/Manager/login');
                }
            }
            //去执行父类的构造方法，将view实例化为View类的对象
            parent::__construct();
        }

        public function useradmin(){
            $page=isset ( $_GET ['&pageNo'] ) ? $_GET ['&pageNo'] : 1
            $this->ajaxPage($page);
        }

        public function delete(){
            $userPageNo = $_POST['pageNo'];
            $id=$_POST['id'];   //是被删除的数据的id
            $Userinfo=new UserinfoModel();
            $count = $Userinfo->delete($id);
            if($count>0){
                $this->ajaxPage($userPageNo);
            }else{
                $this->ajaxPage($userPageNo);
            }
        }
        public function insert(){
            $this->view->display('userinsert.html');
        }
        public function deleteAll(){
            $userPageNo = $_POST['pageNo'];
            $data=$_POST['data'];   //是被删除的数据的id
            $Userinfo=new UserinfoModel();
            $count = $Userinfo->deleteAll($data);
            if($count>0){
                $this->ajaxPage($userPageNo);
            }else{
                $this->ajaxPage($userPageNo);
            }
        }
        public function checkTypeOne(){
            $username=$_POST['username'];
            $Userinfo=new UserinfoModel();
            $count = $Userinfo->checkTypeOne($username);
            if($count>0){
                echo "0";
            }else{
                echo "1";
            }
        }
```

图 6-21　userinfoControl.class.php 文件

```
        public function insertUser(){
            $username=$_POST['username'];
            $password=$_POST['password'];
            $truename=$_POST['truename'];
            $idcard=$_POST['idcard'];
            $regtime=time();
            $address=$_POST['address'];
            $tel=$_POST['tel'];
            $Userinfo=new UserinfoModel();
            $count = $Userinfo->checkTypeOne($username);
            if($count>0){
                echo "0";
            }else{
                $data = array(
                    'username' => "$username",
                    'password' => "$password",
                    'truename' => "$truename",
                    'idcard' => "$idcard",
                    'regtime' => "$regtime",
                    'address' => "$address",
                    'tel' => "$tel",
                    'logintime' => "$regtime",
                    'loginip' => ""
                );
                $count = $Userinfo->insert($data);
                if($count>0){
                    $this->jump("index.php?Admin/Userinfo/insert");
                }else{
                    $this->jump("index.php?Admin/Userinfo/insert");
                }
            }
        }
        public function ajaxPage($pageNo){
            $Userinfo=new UserinfoModel();
            $page = new Page('userinfo');
            $page->pageNo = $pageNo; // 页码
            $userinfoData = $page->init();
            $paper = $page->getPager();
            $this->view->assign('userinfoData',$userinfoData);
            $this->view->assign('paper',$paper);
            $str = $this->view->fetch('useradmin.html');
            echo $str;
        }
    }
?>
```

图 6-21　userinfoControl.class.php 文件（续）

```
<?php
class Page {
    public $pageNo = 1; // 页码
    public $pageSize = 15; // 页尺寸
    public $count = 0; // 数据总数
    public $pageCount = 0; // 总页数
    public $pageNext = 0; // 下一页
    public $pagePrev = 0; // 上一页
    public $orderField = 'id'; // 要排序的字段
    public $orderType = 'asc'; // 排序方式默认：降序
    private $tableName; // 表名
    public function __construct($tname) {
        $this->tableName = $GLOBALS['config']['db_prefix'].$tname;
    }
    public function init() {
        $db = MysqlDB::getInstance ();
        $query = "select count(*) as num from $this->tableName";
        $db->query ( $query );
        $row = $db->fetch_assoc ();
        $this->count = $row ['num']; // 数据总数
        // 总页数
        $this->pageCount = ceil ( $this->count / $this->pageSize );
        $this->pageNext = $this->pageNo + 1; // 下一页
        $this->pagePrev = $this->pageNo - 1; // 上一页
                                                    // 判断页码越界
        if ($this->pageNext > $this->pageCount)
            $this->pageNext = $this->pageCount;
        if ($this->pagePrev < 1)
            $this->pagePrev = 1;
        if ($this->pageNo > $this->pageCount)
            $this->pageNo = $this->pageCount;
        if ($this->pageNo < 1)
            $this->pageNo = 1;

        $offset = ($this->pageNo - 1) * $this->pageSize; // 偏移量
        $query = "select * from $this->tableName order by
        $this->orderField $this->orderType limit $offset,
        $this->pageSize";
        $db->query ( $query );
        $num = $db->num_rows (); // 本页查询到的数据总数
        $data = array (); // 定义空数组
        for($i = 0; $i < $num; $i ++) { // 循环num次
            $data [] = $db->fetch_assoc (); // 创建二维数组
        }
        return $data;
    }

    // 获取分页信息

    public function getPager() {
        $str = '共' . $this->pageCount . '页';
        $str .= '共' . $this->count . '条数据';
        $str .= '当前第' . $this->pageNo . '页';
```

图 6-22　page.class.php 文件

```
        $str .= '每页' . $this->pageSize . '条';
        $url = GROUP . '/' . MODULE . '/' . ACTION;
        $str .= "<a href='#' onclick='display(1)'>首页</a>";
        $str .= '  ';
        $str .= "<a href='#' onclick='display({$this->pagePrev})'>
        上一页</a>";
        $str .= '  ';
        $str .= "<a href='#' onclick='display({$this->pageNext})'>
        下一页</a>";
        $str .= '  ';
        $str .= "<a href='#' onclick='display({$this->pageCount})'>
        末页</a><input type='hidden' id='pageNo'
        value='{$this->pageNo}'/>";
        return $str;
    }
```

图 6-22　page.class.php 文件（续）

```
{foreach from=$userinfoData item="value"}
<tr class="{cycle values='table_row,table_row2'}"
 onMouseOver="show(this)" onMouseOut="noshow(this)">
    <td class="td1"><input type="checkbox" name="selected_ld[]"
     id="selected_ld[]" value="{$value['id']}"/></td>
    <th>{$value['id']}</th>
    <td>{$value['username']}</td>
    <td>{$value['truename']}</td>
    <td>{$value['idcard']}</td>
    <td>{$value['regtime']|date_format:'%Y-%m-%d %H:%M:%S'}</td>
    <td>{$value['address']}</td>
    <td>{$value['tel']}</td>
    <td><span><a onclick="sendDelete('{$value['username']}',
    {$value['id']})"><img src="Public/Admin/img/b_drop.png"
    alt="删除" title="删除"/> 删除</a></span></td>
</tr>
{foreachelse}没有用户信息！{/foreach}
```

图 6-23　useradmin.html 分页显示用户信息

难点讲解：在任务五已讲解 Foreach 循环数组的用途，在 Smarty 模板应用的语法规则如下。

```
{foreach from=数组 key=键 name=名称 item=内容 }
          {foreachelse}
     {/foreach}
{/foreach}
```

在 Smarty 模板的应用中和 PHP 的基本语法非常类似，因此需要读者在完成任务的同时学会融会贯通。

子任务三　设计和开发图书类别管理模块

1. 设计图书类别管理模块

一个图书馆的书有成千上万册，如果不分类别都放在一起要找一本书真是大海捞针。图书分类是图书馆一项重要的基础工作，有了它读者就可以“以类求书”。所以在建立书籍信息前，要先设计级别，按照《科图法》设计一级分类如图 6-24 所示，二级分类如图 6-25 所示，分类列表如图 6-26 所示。

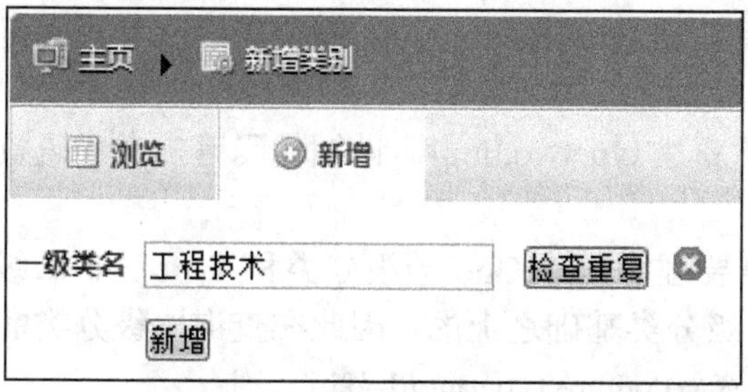

主页 ▸ 新增类别

浏览　新增

一级类名　工程技术　检查重复

新增

图 6-24　新增一级分类

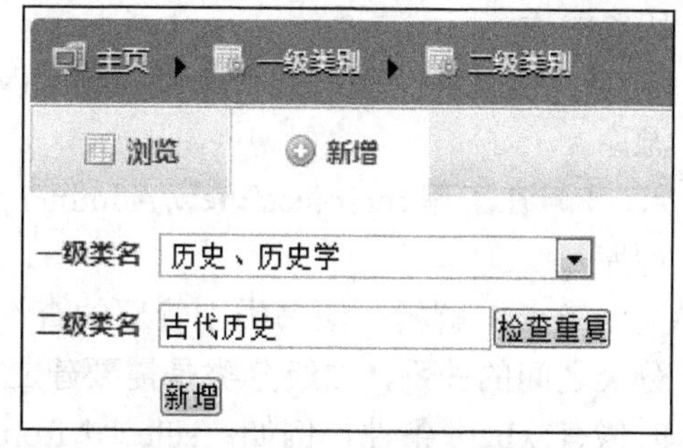

图 6-25　新增二级分类

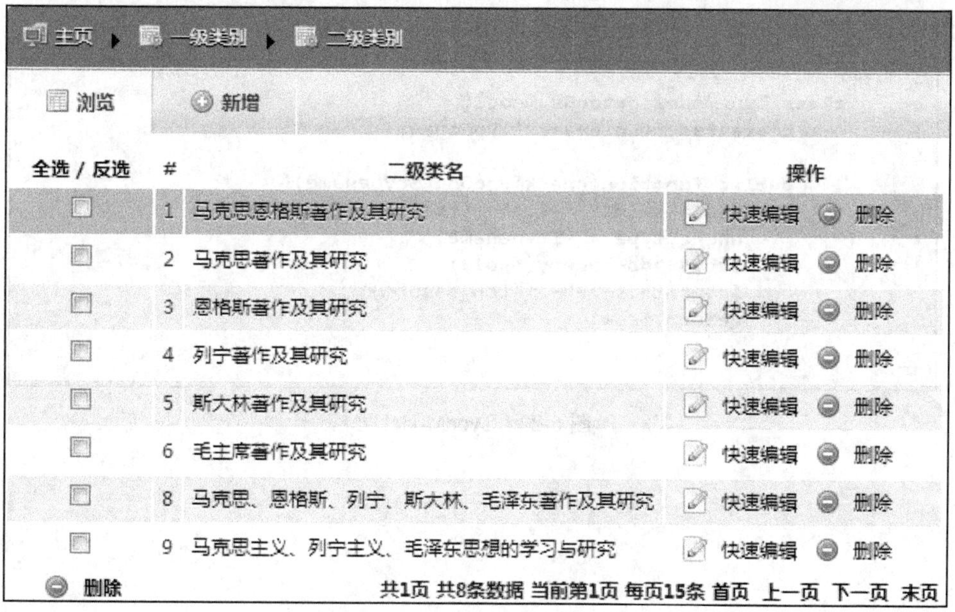

主页 ▸ 一级类别 ▸ 二级类别

浏览　新增

全选 / 反选	#	二级类名	操作
☐	1	马克思恩格斯著作及其研究	快速编辑　删除
☐	2	马克思著作及其研究	快速编辑　删除
☐	3	恩格斯著作及其研究	快速编辑　删除
☐	4	列宁著作及其研究	快速编辑　删除
☐	5	斯大林著作及其研究	快速编辑　删除
☐	6	毛主席著作及其研究	快速编辑　删除
☐	8	马克思、恩格斯、列宁、斯大林、毛泽东著作及其研究	快速编辑　删除
☐	9	马克思主义、列宁主义、毛泽东思想的学习与研究	快速编辑　删除

删除　共1页 共8条数据 当前第1页 每页15条 首页 上一页 下一页 末页

图 6-26　分类列表

2. 实现图书类别管理模块

1）在工程 lbproject/Mode/Admin 下新建 TypeModel.class.php 文件，统一继承 Model

类，如图 6-27 所示。

2）在工程 lbproject/Model/Admin 下新建 TypetwoModel.class.php 文件，如图 6-28 所示。

3）在工程 lbproject/Core/Tools/Page.class.php 下，新增 fetchIdAll()方法，如图 6-29 所示。

4）在工程 lbproject/Control/Admin 下新建 TypeControl.class.php 文件，详细代码请参考代码资源库。

5）在工程 lbproject/View/Admin/Type 下新建 typeinsert.html 文件，详细代码请参考代码资源库。

6）在工程 lbproject/View/Admin/Type 下新建 typeinsertTwo.html，详细代码请参考代码资源库。

7）在工程 lbproject/View/Admin/Type 下新建 typeone.html，详细代码请参考代码资源库。

8）在工程 lbproject/View/Admin/Type 下新建 typetwo.html，详细代码请参考代码资源库。

难点 1 解析：图书类别管理的查询，需要理解 TypeOne 一级分类和 TypeTwo 二级分类之间的关系，二级分类是需要建立在一级分类基础之上的，因此在查询二级分类的时候有 where 条件，例如：select * from typeTwo where typeoneid='$id' 。

难点 2 解析：图书类别管理的删除，需要注意细节的处理，删除了一级分类时同时要删除对应的二级分类，否则会在数据库中存在垃圾数据。

```
<?php
    class TypeModel extends Model{
        protected $tablename='typeone';

        public function checkTypeOne($typename){
            $sql="select * from {$this->getTableName()}
            where type ='{$typename}'";
            $this->db->query($sql);
            $row=$this->db->fetch_assoc();
            return $row;
        }
    }
```

图 6-27　TypeModel 类

```
<?php
class TypetwoModel extends Model {
    protected $tablename = 'typetwo';
    public function checkTypeTwo($id, $typename) {
        $sql = "select * from {$this->getTableName()}
            where typeoneid ='{$id}' and type ='{$typename}'";
        $this->db->query ( $sql );
        $row = $this->db->fetch_assoc ();
        return $row;
    }
    // 查询所有数据
    public function fetchAlltwo($id) {
        $sql = "select * from {$this->getTableName()}
            where typeoneid='$id'";
        $data = array ();
        $this->db->query ( $sql );
        $num = $this->db->num_rows ();
        for($i = 0; $i < $num; $i ++) {
            $data [] = $this->db->fetch_assoc ();
        }
        return $data;
    }
    public function selectTypetwo($arr) {
        $sql = "select DISTINCT typeoneid  from
             {$this->getTableName()} where typeoneid in({$arr})";
        $data = array ();
        $this->db->query ( $sql );
        $num = $this->db->num_rows ();
        for($i = 0; $i < $num; $i ++) {
            $data [] = $this->db->fetch_assoc ();
        }
        return $data;
    }
    public function ifTypeTwo($typeoneData) {
        $typeoneid = '';
        $typeoneidarr = array ();
        $dataarr = array ();
        $temp = array ();
        foreach ( $typeoneData as $value ) {
            $typeoneid .= $value ['id'] . ',';
            $typeoneidarr [] = $value ['id'];
        }
        $typeoneid = rtrim ( $typeoneid, ',' );
        $data = $this->selectTypetwo ( $typeoneid );
        foreach ( $data as $value ) {
            $dataarr [] = $value ['typeoneid'];
        }
        for($i = 0; $i < count ( $typeoneidarr ); $i ++) {
            $temp [] = in_array ( $typeoneidarr [$i], $dataarr )
            ? '1' : '2';
        }
        return $temp;
}}
```

图 6-28　TypeTwoModel 类

```
    // 类型表
    public function fetchIdAll($id) {
        $db = MysqlDB::getInstance ();
        $query = "select count(*) as num from
        $this->tableName where typeoneid='$id'";
        $db->query ( $query );
        $row = $db->fetch_assoc ();
        $this->count = $row ['num']; // 数据总数
        // 总页数
        $this->pageCount = ceil ( $this->count / $this->pageSize );
        $this->pageNext = $this->pageNo + 1; // 下一页
        $this->pagePrev = $this->pageNo - 1; // 上一页
                                         // 判断页码越界
        if ($this->pageNext > $this->pageCount)
            $this->pageNext = $this->pageCount;
        if ($this->pagePrev < 1)
            $this->pagePrev = 1;
        if ($this->pageNo > $this->pageCount)
            $this->pageNo = $this->pageCount;
        if ($this->pageNo < 1)
            $this->pageNo = 1;

        $offset = ($this->pageNo - 1) * $this->pageSize; // 偏移量
        $query = "select * from $this->tableName where
        typeoneid='$id' order by $this->orderField
        $this->orderType limit $offset,$this->pageSize";
        $db->query ( $query );
        $num = $db->num_rows (); // 本页查询到的数据总数
        $data = array (); // 定义空数组
        for($i = 0; $i < $num; $i ++) { // 循环num次
            $data [] = $db->fetch_assoc (); // 创建二维数组
        }
        return $data;
    }
```

图 6-29　分页 fetchIdAll()查询类别

子任务四　设计和开发图书语言模块

1. 设计图书语言模块

随着知识的国际化流通，书籍的版本也不仅仅局限于中文版，因此图书的语言又是一项基础信息。图书语言模块功能和界面较为简单，但是不可或缺，设计界面如图 6-30 和图 6-31 所示。

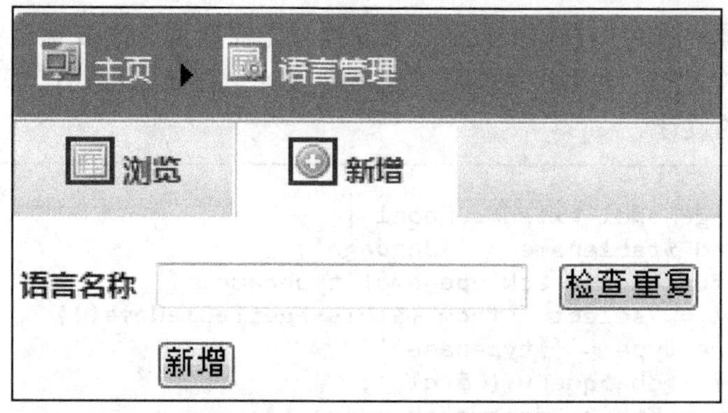

图 6-30　新增图书语种图

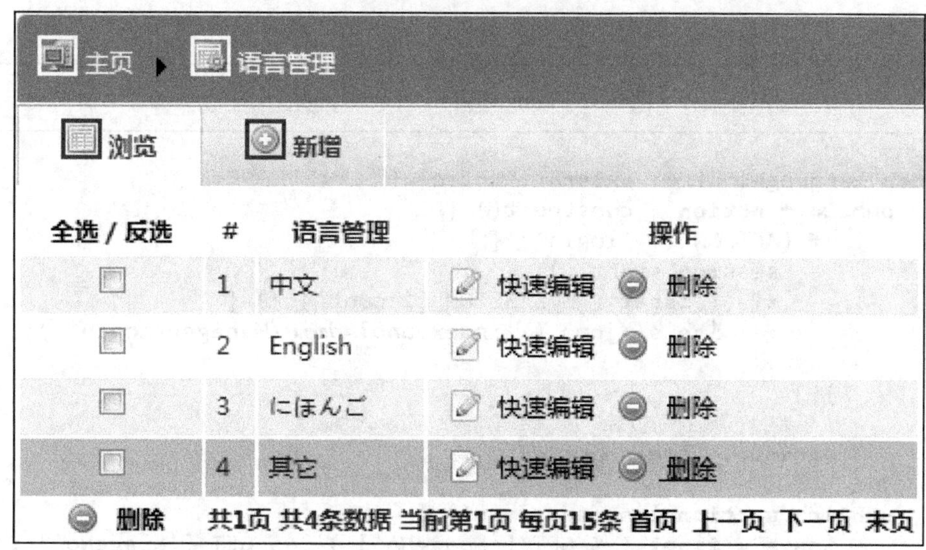

图 6-31　图书语言列表

2. 实现图书语言模块

1）在工程 lbproject/Mode/Admin 下新建 LanguageModel.class.php 文件，继承 Model 类，如图 6-32 所示。

2）在工程 bproject/Control/Admin 下新建 LanguageControl.class.php 文件，如图 6-33 所示。

3）在工程 lbproject/ View/Admin/Language 下新建 languageinsert.html 文件，详细代码请参考代码资源库。

4）在工程 lbproject/ View/Admin/Language 下新建 languageadmin.html 文件，详细代码请参考代码资源库。

难点讲解：图书语言的设置是为图书信息所辅助的内容，很多读者会想：为什么不直接在图书信息里设置图书语言为英文或者中文或者其他？为什么需要独立一张表设计呢？在软件编程表结构的设计里，个别信息如果扩展性不大，例如性别男和女两个值，可以用布尔型设置，也可以用 varchar(1)来设置，无需新建一个表保存；但是如果类似语言这种扩展性较大的，为防止硬编码，通常会设计一张表来存储信息，这也涉及编程的耦合与解耦合的设计。

```
<?php
class LanguageModel extends Model {
    protected $tablename = 'language';
    public function checkTypename($typename) {
        $sql = "select * from {$this->getTableName()}
        where type ='{$typename}'";
        $this->db->query ( $sql );
        $row = $this->db->fetch_assoc ();
        return $row;
    }
}
```

图 6-32　LanguageModel.class.php

```
<?php
class LanguageControl extends Control {
    public function __construct() {
        if (ACTION != 'login') {
            session_start ();
            if (! isset ( $_SESSION ['count'] )) {
                $this->jump ( 'index.php?Admin/Manager/login' );
            }
        }
        // 去执行父类的构造方法，将view实例化为View类的对象
        parent::__construct ();
    }
    public function languageadmin() {
        $page = isset ( $_GET ['&pageNo'] ) ? $_GET ['&pageNo'] : 1;
        $this->ajaxPage ( $page );
    }
    public function ajaxPage($pageNo) {
        $page = new Page ( 'language' );
        $page->pageNo = $pageNo; // 页码
        $languageData = $page->init ();
        $paper = $page->getPager ();
        $this->view->assign ( 'languageData', $languageData );
        $this->view->assign ( 'paper', $paper );
        $str = $this->view->fetch ( 'languageadmin.html' );
        echo $str;
    }
    public function delete() {
        $userPageNo = $_POST ['pageNo'];
        $id = $_POST ['id']; // 是被删除的数据的id
        $Language = new LanguageModel ();
```

图 6-33　LanguageControl.class.php

```
        $count = $Language->delete ( $id );
        if ($count > 0) {
            $this->ajaxPage ( $userPageNo );
        } else {
            $this->ajaxPage ( $userPageNo );
        }
    }
    public function update() {
        $userPageNo = $_POST ['pageNo'];
        $id = $_POST ['id'];
        $type = $_POST ['type'];
        $data = array (
                'id' => $id,
                'type' => "$type"
        );
        $Language = new LanguageModel ();
        $count = $Language->update ( $data );
        if ($count > 0) {
            $this->ajaxPage ( $userPageNo );
        } else {
            $this->ajaxPage ( $userPageNo );
        }
    }
    public function deleteAll() {
        $userPageNo = $_POST ['pageNo'];
        $data = $_POST ['data']; // 是被删除的数据的id
        $Language = new LanguageModel ();
        $count = $Language->deleteAll ( $data );
        if ($count > 0) {
            $this->ajaxPage ( $userPageNo );
        } else {
            $this->ajaxPage ( $userPageNo );
        }
    }
    public function insert() {
        $this->view->display ( 'languageinsert.html' );
    }
    public function insertType() {
        $typename = $_POST ['typename'];
        $Language = new LanguageModel ();
        $count = $Language->checkTypename ( $typename );
        if ($count > 0) {
            echo "0";
        } else {
            $data = array (
                    'type' => "$typename"
            );
            $count = $Language->insert ( $data );
            if ($count > 0) {
                $this->jump ( "index.php?Admin/Language/insert" );
            } else {
                $this->jump ( "index.php?Admin/Language/insert" );
```

图 6-33　LanguageControl.class.php（续）

```
            }
        }
    }
    public function checkTypename() {
        $typename = $_POST ['typename'];
        $Language = new LanguageModel ();
        $count = $Language->checkTypename ( $typename );
        if ($count > 0) {
            echo "0";
        } else {
            echo "1";
        }
    }
}
?>
```

图 6-33 LanguageControl.class.php（续）

管理员模块设计与实现完成后，后开发阶段维护进度为 60%，自动计算总项目完成率为 43%，如图 6-34 所示。

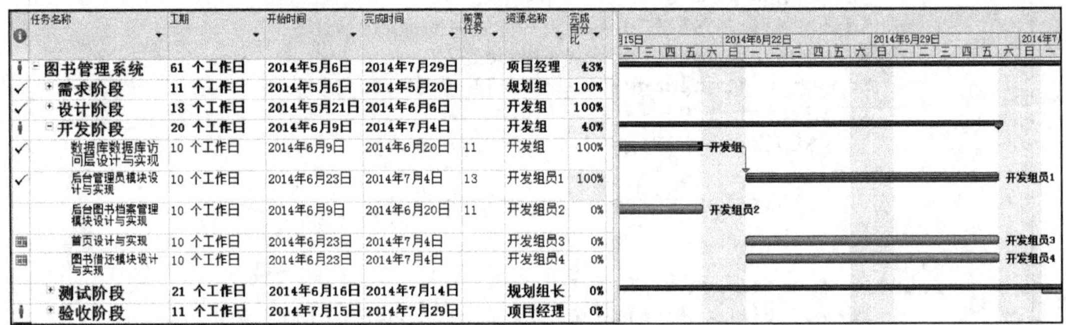

任务名称	工期	开始时间	完成时间	前置任务	资源名称	完成百分比
- 图书管理系统	61 个工作日	2014年5月6日	2014年7月29日		项目经理	43%
+ 需求阶段	11 个工作日	2014年5月6日	2014年5月20日		规划组	100%
+ 设计阶段	13 个工作日	2014年5月21日	2014年6月6日		开发组	100%
- 开发阶段	20 个工作日	2014年6月9日	2014年7月4日		开发组	40%
数据库数据库访问层设计与实现	10 个工作日	2014年6月9日	2014年6月20日	11	开发组	100%
后台管理员模块设计与实现	10 个工作日	2014年6月23日	2014年7月4日	13	开发组员1	100%
后台图书档案管理模块设计与实现	10 个工作日	2014年6月9日	2014年6月20日	11	开发组员2	0%
首页设计与实现	10 个工作日	2014年6月23日	2014年7月4日		开发组员3	0%
图书借还模块设计与实现	10 个工作日	2014年6月23日	2014年7月4日		开发组员4	0%
+ 测试阶段	21 个工作日	2014年6月16日	2014年7月14日		规划组长	0%
+ 验收阶段	11 个工作日	2014年7月15日	2014年7月29日		项目经理	0%

图 6-34 项目进度表

将本任务的要点填在图 6-35 中。

图 6-35 任务六要点回顾

1）初始编写复杂连贯的代码，将完成过程中的每一个错误记录下来。

2）将代码编写的思路描述出来。

任务七 图书档案管理模块设计与实现

引言：

图书管理系统的核心是图书信息，图书信息资料是否完整关系着系统能否正常运行。

学习目标

1）图片上传。

2）巩固 AJAX 知识。

子任务一 设计和实现图书管理模块功能

1. 设计图书管理模块功能

这本书是艺术类还是哲学类？这本书的书名是什么？是英文版还是中文版？这本书大概是讲什么的？这本书多少钱才能买到？等一系列关于书的信息，作为管理员、作为读者都很关心，因此图书档案的维护显得尤为谨慎和周全。

图书档案管理功能的设计如下。

1）新增图书信息，设计新增图书信息所需要的栏位，必填项目用红色*提示，如图 7-1 所示。

2）查询图书信息，以列表形式显示图书主要栏位信息，如图 7-2 所示。

3）编辑和查看详细图书信息，设计单击主页面的书名，进入详细信息维护界面，如图 7-3 所示。

4）删除或者下架图书信息、因读者损坏或者其他原因，因此在图书信息列表设计删除和下架功能，如图 7-4 所示。

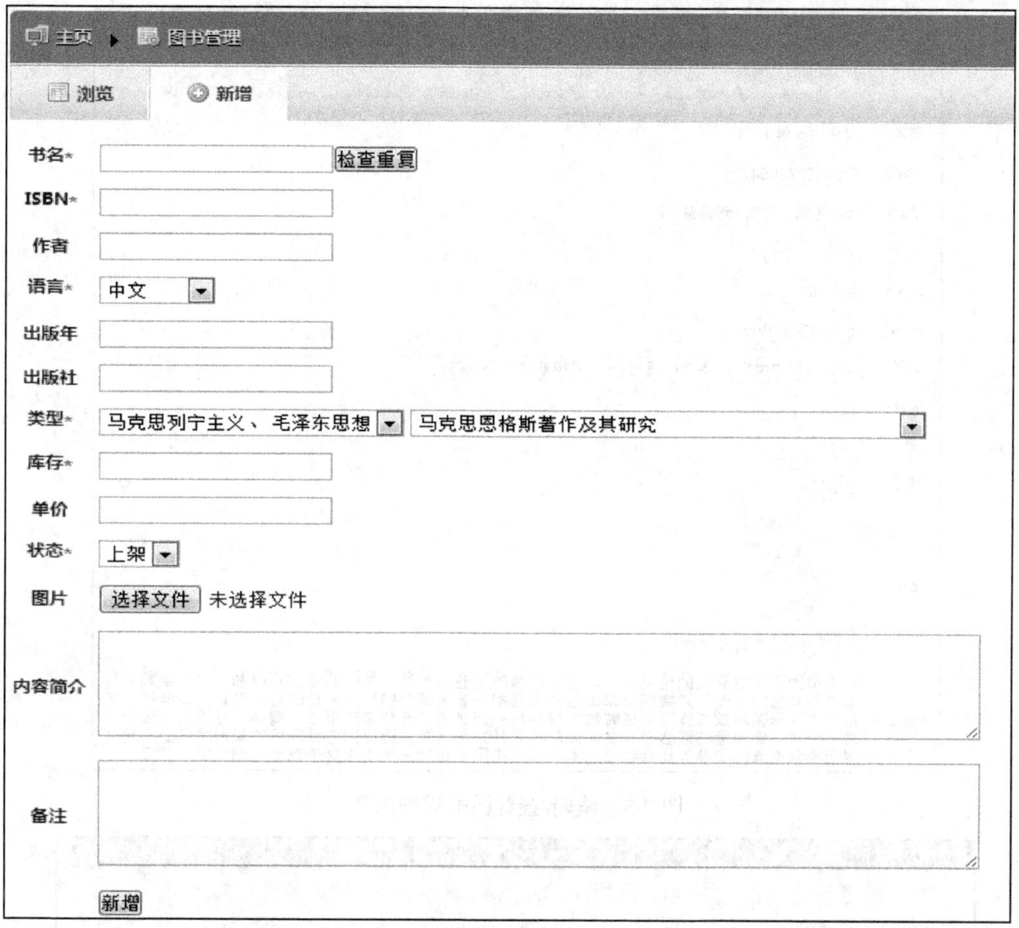

图 7-1　新增图书

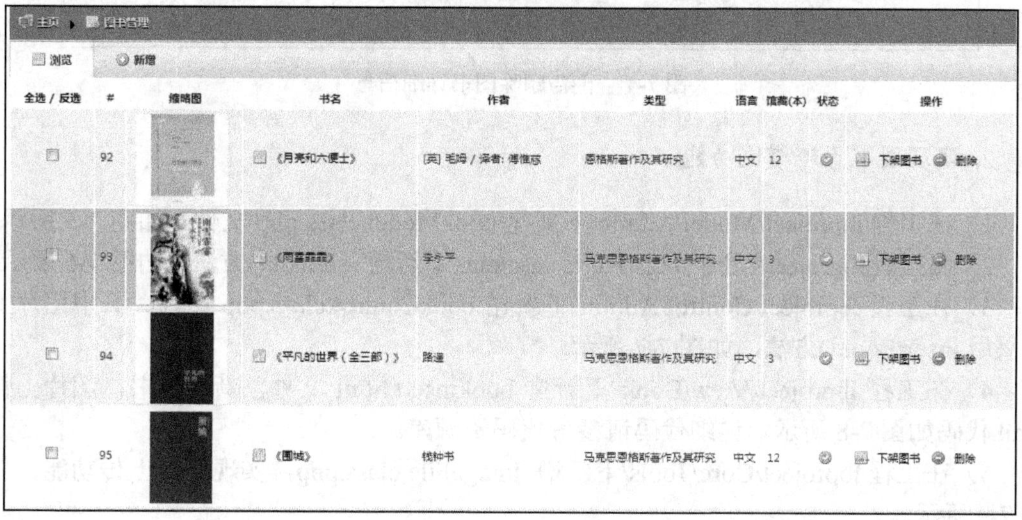

全选 / 反选	#	缩略图	书名	作者	类型	语言	馆藏(本)	状态	操作
	92		《月亮和六便士》	[英] 毛姆 / 译者: 傅惟慈	恩格斯著作及其研究	中文	12		下架图书　删除
	93		《雨雪霏霏》	李永平	马克思恩格斯著作及其研究	中文	3		下架图书　删除
	94		《平凡的世界（全三部）》	路遥	马克思恩格斯著作及其研究	中文	3		下架图书　删除
	95		《围城》	钱钟书	马克思恩格斯著作及其研究	中文	12		下架图书　删除

图 7-2　图书列表

主页 ▸ 图书管理

浏览 新增

书名* 月亮和六便士

ISBN* 9787532739547

作者 [英] 毛姆 / 译者: 傅惟慈

语言* 中文

出版年 2006-8

出版社 上海译文出版社

类型* 马克思列宁主义、毛泽东思想 恩格斯著作及其研究

库存* 12

单价 15.00 ¥

状态* 上架

图片

选择文件 未选择文件

内容简介 一个英国证券交易所的经纪人，本已有牢靠的职业和地位、美满的家庭，但却迷恋上绘画，像“被魔鬼附了体”，突然弃家出走，到巴黎去追求绘画的理想。他的行径没有人能够理解。他在异国不仅肉体受着贫穷和饥饿煎熬，而且为了寻找表现手法，精神亦在忍受痛苦折磨。经过一番离奇的遭遇后，主人公最后离开文明世界，远遁到与世隔绝的塔希提岛上。他终于找到灵魂的宁静和适合自己艺术气质的氛围。他同一个土著女子同居，创作出一幅又一

图 7-3 编辑/查看图书详细信息

图 7-4 下架/删除图书详细信息

2. 实现图书管理模块功能

1）在工程 lbproject/Model/Admin 下新建 bookModel.class.php 文件，如图 7-5 所示。

2）在工程 lbproject/Core/Tools/Page.class.php 下新增 initbook()方法，如图 7-6 所示。

3）在工程 lbproject/Control/Admin 下新建 bookControl.class.php 文件，其中图片上传采用 insertBook()方法，如图 7-7 所示。

4）在工程 lbproject/View/Book 下新建 bookinsert.html 文件，新增图书，图片上传 html 代码如图 7-8 所示，详细代码请参考代码资源库。

5）在工程 lbproject/Core/Tools/下新增 ImageFile.class.php，实现图片上传功能，如图 7-9 所示。

6）在工程 lbproject/View/Book 下新建 bookadmin.html 文件，列出图书信息，请参考代码资源库。

```
<?php
class bookModel extends Model {
    protected $tablename = 'book';
    //验证书名
    public function checkTypename($bookname) {
        $sql = "select * from {$this->getTableName()} "
              ."where bookname ='{$bookname}'";
        $this->db->query ($sql );
        $row = $this->db->affected_rows ();
        return $row;
    }
    public function fetchLast() {
        $sql = "select * from {$this->getTableName()}"
              ." order by {$this->_pk} desc limit 1";
        $this->db->query ( $sql );
        $row = $this->db->fetch_assoc ();
        return $row;
    }
    public function updateAll($data, $status) {
        $temp = '';
        $sql = "update {$this->getTableName()} ";
        $sql .= "set status = CASE id ";
        foreach ( $data as $value ) {
            $sql .= "when {$value} then {$status} ";
            $temp .= $value . ',';
        }
        $temp = rtrim ( $temp, ',' );
        $sql .= "end ";
        $sql .= "where id in({$temp})";
        $this->db->query ( $sql );
        $rows = $this->db->affected_rows ();
        return $rows;
    }
}
```

图 7-5　bookModel.class.php

```
    // 图书表
    public function initbook() {
        $db = MysqlDB::getInstance ();
        $query = "select count(*) as num from $this->tableName";
        $db->query ( $query );
        $row = $db->fetch_assoc ();
        $this->count = $row ['num']; // 数据总数
        $this->pageCount = ceil ( $this->count / $this->pageSize );
        $this->pageNext = $this->pageNo + 1; // 下一页
        $this->pagePrev = $this->pageNo - 1; // 上一页
                                             // 判断页码越界
        if ($this->pageNext > $this->pageCount)
            $this->pageNext = $this->pageCount;
        if ($this->pagePrev < 1)
            $this->pagePrev = 1;
        if ($this->pageNo > $this->pageCount)
            $this->pageNo = $this->pageCount;
        if ($this->pageNo < 1)
            $this->pageNo = 1;

        $offset = ($this->pageNo - 1) * $this->pageSize; // 偏移量
        $query = "select language.type language,type.type,book.id,
        book.bookname,book.writer,book.status,book.collection,
        book.photo_thumb from $this->tableName book ";
        $query .= "left join lb_language language on
                book.language = language.id ";
        $query .="left join lb_typetwo type on book.type = type.id";
        $query .= "order by $this->orderField $this->orderType
        limit $offset,$this->pageSize";
        $db->query ( $query );
        $num = $db->num_rows (); // 本页查询到的数据总数
        $data = array (); // 定义空数组
        for($i = 0; $i < $num; $i ++) { // 循环num次
            $data [] = $db->fetch_assoc (); // 创建二维数组
        }
        return $data;
    }
```

图 7-6　分页 initbook()

7）在工程 lbproject/View/Book 下新建 bookedit.html 文件，编辑图书信息，请参考代码资源库。

```
    public function insertBook() {
        if ($_GET ['act'] == 'insert') {
            $bookname = $_POST ['bookname'];
            $book = new bookModel ();
            $count = $book->checkTypename ( $bookname );
            if ($count > 0) {
                echo "0";
            } else {
                $price = empty ( $_POST ['price'] ) ? '0' :
                 $_POST ['price'];
                $data = array (
                        'bookname' => $_POST ['bookname'],
                        'ISBN' => $_POST ['ISBN'],
                        'writer' => $_POST ['writer'],
                        'language' => $_POST ['language'],
                        'sellyear' => $_POST ['sellyear'],
                        'science' => $_POST ['science'],
                        'type' => $_POST ['type'],
                        'collection' => $_POST ['collection'],
                        'status' => $_POST ['status'],
                        'price' => $price,
                        'brief' => $_POST ['brief'],
                        'photo' => '',
                        'photo_thumb' => '',
                        'ps' => $_POST ['ps']
                );
                $count = $book->insert ( $data );
                $_SESSION ['tempinsertid'] = $count;
                if ($count > 0) {
                    $this->jump ( "index.php?Admin/book/insert" );
                } else {
                    $this->jump ( "index.php?Admin/book/insert" );
                }
            }
        }
        //如果动作为插入图片，获取图片信息，并上传图片
        elseif ($_GET ['act'] == 'insertImg') {
            $id = isset ( $_POST ['id'] ) ? $_POST ['id'] :
            $_SESSION ['tempinsertid'];
            $data = array (
                    'id' => $id,
                    'photo' => '',
                    'photo_thumb' => ''
            );
            $image = new Image ();
            $info = $image->upload ( $_FILES ['photo'] );
            if ($image->errinfo) {
                echo $image->errinfo;
            } else {
                if ($info) {
                    $data ['photo'] = $info;
                    $thumb = $image->makeThumb ( $info );
                    if ($thumb) {
                        $data ['photo_thumb'] = $thumb;
                    }
                }
                $book = new bookModel ();
                $count = $book->update ( $data );
                if ($count > 0) {
                    echo 'ok';
                }
            }
        }
    }
```

图 7-7　插入图书

```
<tr>
    <th>图片</th>
    <form id="formFile" name="formFile"
     action="index.php?Admin/book/insertBook/act/insertImg"
     method="POST" target="frameFile"
     enctype="multipart/form-data">
    <td> <input type="file" name="photo" id="photo" size="35" />
    <span id="telstate"></span></td>
    </form>
    <iframe id="frameFile" name="frameFile"
    style="display:none;"></iframe>
</tr>
```

图 7-8　图书封面上传

```
<?php
// 图片处理的类，包含图片上传
class Image {
    // 设定一个可以接收的图片的类型（MIME）
    private $accept;
    public $errinfo = '';
    public function __construct() {
        $this->accept = $GLOBALS ['config'] ['image_mime'];
    }

    /*
     * 上传图片的功能 @param array $file，需要上传的一个图片资源
     *  @return string $position，文件最终保存的位置和名字，如果失败则返回失败原因
     */
    public function upload($file) {
        // 保证文件能能够正常上传
        // 1. 判断文件是否上传成功
        if ($file ['error'] == 0) {
            // 只有上传成功之后才进行相关处理
            // 假设，图片被限制成 100KB，但是整体上传是 2MB
            if ($file ['size'] >
             $GLOBALS ['config'] ['image_upload_size']) {
                $this->errinfo = '图片上传不能大于100K';
                return false;
            }
            // 判断图片类型
            if (! in_array ( $file ['type'], $this->accept )) {
                $this->errinfo = '图片上传的格式不正确，允许上传的图片格式有：'
                         . implode ( ',', $this->accept );
                return false;
            }

            // 对文件进行重命名
            $filename = $this->getRandomName ();
            // 文件后缀名
            $filename .= $this->getExtension ( $file ['name'] );
            // 移动文件到指定目录
            if (move_uploaded_file ( $file ['tmp_name'],
                    UPLOAD_DIR . $filename )) {
                // 上传成功
                return 'Public/Uploads/' . $filename;
            } else {
                // 移动失败
                $this->errinfo = '文件上传失败';
                return false;
            }
        } elseif ($file ['error'] == 1 || $file ['error'] == 2) {
            // 文件大小超过服务器的限制
            $this->errinfo = '文件大小超出允许范围';
        } elseif ($file ['error'] == 3) {
            // 文件部分上传
            $this->errinfo = '文件上传失败，只有部分上传';
        } elseif ($file ['error'] == 4) {
```

图 7-9　ImageFile.class.php 图片上传文件

```
            $this->errinfo = '没有选中要上传的文件';
        } elseif ($file ['error'] == 6 || $file ['error'] == 7) {
            // 服务器的错误，就不应该提示给用户，应该写到错误日志
        }
        return false;
    }

    /*
     * 获得一个随机文件名字 @return string $filename，返回生成的随机文件名
     */
    private function getRandomName() {
        // 取时间戳的后十位
        $time = explode ( " ", microtime () );

        // 拼凑名字的随机部分
        $file_name = $time [1] . substr ( $time [0], 2, 6 );

        return $file_name;
    }

    /*
     * 获得文件后缀名 @param1 string $filename，
     * 上传的文件的本身的名字 @return 返回一个后缀名.
     */
    private function getExtension($filename) {
        return substr ( $filename, strrpos( $filename, '.' ));
    }
    private function getImagecreatefrom($filename) {
        $str = $this->getMIME ( $filename );
        return 'imagecreatefrom' . $str;
    }

    /*
     * 生成缩略图 @param1 string $filename，需要生成缩略图的原文件
     *   @param2 int $max_width，缩略图最大宽度
     *   @param3 int $max_height，缩略图最大高度 @return，
     *   成功返回图片路径，失败返回FALSE
     */
    public function makeThumb($filename, $max_width = 100,
            $max_height = 100) {

        // 1. 保证原文件是一张图片
        if (! is_file ( $filename )) {
            // 不是文件
            file_put_contents ( 'record.txt',
            'file not exists' . $filename );
            return false;
        }
        // 获取文件信息
        $srcinfo = getimagesize ( $filename );
        $imagecreatefrom = $this->getImagecreatefrom ( $filename);
        // 2. 获取原文件资源
        $src_img = $imagecreatefrom ( $filename );
```

图 7-9 ImageFile.class.php 图片上传文件（续）

```
        // 3. 创建缩略图资源
        $dst_img = imagecreatetruecolor ( $max_width, $max_height);

        // 补白(填充白色背景)
        $dst_bg = imagecolorallocate ( $dst_img, 255, 255, 255 );
        imagefill ( $dst_img, 0, 0, $dst_bg );

        // 4. 创建缩略图
        // 求得宽高比，得出基础边（宽或者高），得出具体的缩略图的宽和高
        $src_cmp = $srcinfo [0] / $srcinfo [1];
        $dst_cmp = $max_width / $max_height;
        if ($src_cmp >= $dst_cmp) {
            $dst_width = $max_width;
            $dst_height = round ( $max_width / $src_cmp );
        } else {
            $dst_height = $max_height;
            $dst_width = round ( $dst_height * $src_cmp );
        }
        // 采样和复制
        if (imagecopyresampled ( $dst_img, $src_img, round
           (($max_width - $dst_width) / 2 ),
          round (($max_height - $dst_height) / 2 ), 0, 0,
          $dst_width, $dst_height, $srcinfo [0], $srcinfo [1])) {
            // 缩略图创建成功
            // 获得缩略图名字
            $thumbname = 'thumb_' . $this->getRandomName ();
            $thumbname .= $this->getExtension ( $filename );
            // 保存缩略图
            imagepng ( $dst_img, UPLOAD_DIR . $thumbname );
            // 返回缩略图路径
            $return = 'Public/Uploads/' . $thumbname;
        } else {
            // 缩略图创建失败
            file_put_contents ( 'record.txt', 'failure' );
            $return = false;
        }
        return $return;
    }
    /*
     * 制作水印图@param1 string $dst_image，需要添加水印的目标图片
     * @param2 string $water_image，水印图片
     *  @param3 int $position，水印添加的位置@param3 int $pct，
     *  水印的透明度@return，成功则返回水印图片地址，失败则返回FALSE
     */
    public function makeWater($dst_image, $water_image = '',
            $position = 1, $pct = 60) {
        // 保证两张图片的是正确的
        if (! is_file ( $dst_image )) {
            // 目标文件不存在则失败
            return false;
        }
        $imagecreatefrom = $this->getImagecreatefrom($dst_image);
```

图 7-9　ImageFile.class.php 图片上传文件（续）

```
        // 判断水印图片
        if (empty ( $water_image) || ! is_file($water_image)) {
            // 如果用户没有传入水印图片，就使用系统提供的水印图片
            $water_image = $GLOBALS ['config'] ['water_img'];
        }
        // 获取图片信息
        $dstinfo = getimagesize ( $dst_image );
        $waterinfo = getimagesize ( $water_image );
        // 获取图片类型，只要MIME后部分
        $mime = $this->getMIME ( $dst_image );
        // 判断图片位置
        switch ($position) {
            case 1 :
                // 左上角
                $dst_x = 0;
                $dst_y = 0;
                break;
            case 2 :
                // 右上角
                $dst_x = $dstinfo [0] - $waterinfo [0];
                $dst_y = 0;
                break;
            case 3 :
                // 中间
                $dst_x = round(($dstinfo [0] - $waterinfo [0])/2);
                $dst_y = round(($dstinfo [1] - $waterinfo [1])/2);
                break;
            case 4 :
                // 左下角
                $dst_x = 0;
                $dst_y = $dstinfo [1] - $waterinfo [1];
                break;
            case 5 :
            default :
                // 右下角
                $dst_x = $dstinfo [0] - $waterinfo [0];
                $dst_y = $dstinfo [1] - $waterinfo [1];
                break;
        }
        // 准备图片资源
        // 拼凑类型
        $create = 'imagecreatefrom' . $mime;
        $save = 'image' . $mime;
        $dst_img = $create ( $dst_image );
        $wat_img = imagecreatefrom ( $water_image );
        // 图片合并
        if (imagecopymerge ( $dst_img, $wat_img, $dst_x, $dst_y, 0,
                0, $waterinfo [0], $waterinfo [1], $pct )) {
            // 水印图制作成功
            // 获取水印图片名称（新作一张图片）
            $watername = 'water_' . $this->getRandomName ()
            . $this->getExtension ( $dst_image );
```

图 7-9　ImageFile.class.php 图片上传文件（续）

```
                . $this->getExtension ( $dst_image );

                // 保存图片
                $save ( $dst_img, UPLOAD_DIR . $watername );

                $return = 'Public/Uploads/' . $watername;
            } else {
                // 水印图制作失败
                $return = false;
            }
            return $return;
        }

        /*
         * 根据图片获取其MIME类型的后部分 @param1 string $filename,
         * 文件名称image/jpeg @return 返回类型jpeg
         */
        public function getMIME($filename) {
            // 判断文件是否存在
            if (! is_file ( $filename ))
                return false;
                // 获取文件信息
            $fileinfo = getimagesize ( $filename );
            // 获取文件的mime类型
            $mime = explode ( '/', $fileinfo ['mime'] );
            return $mime [1];
        }
}
```

图 7-9 ImageFile.class.php 图片上传文件（续）

子任务二 设计和开发借阅管理

1. 设计借阅管理

图书管理系统存在的意义便是书的流通和借阅，但是图书的保管也非常重要，图书的借阅信息可以掌握图书的借阅率、图书的当前位置、当前状态等信息。界面设计如图 7-10 所示。

2. 实现借阅管理

1）在工程 lbproject/Model/Admin 下新建 borrowModel.class.php 文件，如图 7-11 所示。

2）在工程 lbproject/Control/Admin 下新建 borrowControl.class.php 文件，请参考代码资源库。。

3）在工程 lbproject/Core/Tools/Page.class.php 下新增 initAdminBorrow ()方法，实现借阅信息分页功能，如图 7-12 所示。

4）在工程 lbproject/View/Book 下新建 borrow.html 文件，列出借阅信息，请参考代

码资源库。

主页 ▸ 借阅管理

浏览

全选 / 反选	#	借阅人	借阅书籍	借阅时间	归还时间	状态	操作
	95	simer	月亮和六便士	2014-08-24 15:00:21	2014-08-31 15:00:21		未还图书 删除
	97	simer	雨雪霏霏	2014-08-24 15:02:31	2014-08-31 15:02:31		未还图书 删除
	99	simer	围城	2014-08-01 11:29:58	2014-08-13 01:16:37		未还图书 删除
	101	simer	月亮和六便士	2014-08-24 16:25:53	2014-08-31 16:25:53		未还图书 删除
	102	simer	月亮和六便士	2014-08-24 16:38:50	2014-09-28 16:38:50		已还图书 删除
	104	simer	灿烂千阳	2014-08-24 19:41:01	2014-08-31 19:41:01		已还图书 删除
	105	丽时	月亮和六便士	2014-08-26 00:07:16	2014-09-09 00:07:16		未还图书 删除
	106	丽时	雨雪霏霏	2014-08-26 00:07:20	2014-09-02 00:07:20		已还图书 删除
	107	simer	雨雪霏霏	2014-08-30 14:58:20	2014-09-06 14:58:20		已还图书 删除
	108	Cooky	月亮和六便士	2014-08-30 15:04:39	2014-09-06 15:04:39		已还图书 删除
	109	Cooky	雨雪霏霏	2014-08-30 15:04:40	2014-09-06 15:04:40		已还图书 删除
	110	cooky	月亮和六便士	2014-09-16 15:33:53	2014-10-07 15:33:53		未还图书 删除
	111	cooky	雨雪霏霏	2014-09-16 15:43:42	2014-09-30 15:43:42		未还图书 删除
	112	cooky	雨雪霏霏	2014-09-18 09:42:53	2014-09-25 09:42:53		未还图书 删除
	113	cooky	平凡的世界（全三部）	2014-09-18 09:42:56	2014-10-09 09:42:56		已还图书 删除

删除 已归还 未归还　　共2页 共17条数据 当前第1页 每页15条 首页 上一页 下一页 末页

图 7-10　借阅管理

```php
<?php
class borrowModel extends Model {
    protected $tablename = 'borrow';
    public function updateAll($data, $status) {
        $temp = '';
        $sql = "update {$this->getTableName()} ";
        $sql .= "set status = CASE id ";
        foreach ( $data as $value ) {
            $sql .= "when {$value} then {$status} ";
            $temp .= $value . ',';
        }
        $temp = rtrim ( $temp, ',' );
        $sql .= "end ";
        $sql .= "where id in({$temp})";
        $this->db->query ( $sql );
        $rows = $this->db->affected_rows ();
        return $rows;
    }
    public function selectBorrow($id) {
        $sql = "select DISTINCT(borrow.bookid) from lb_borrow
        borrow left join lb_book book on borrow.bookid = book.id
        where borrow.userid=$id and borrow.status=0";
        $data = array ();
        $this->db->query ( $sql );
        $num = $this->db->num_rows ();
        for($i = 0; $i < $num; $i ++) {
            $data [] = $this->db->fetch_assoc ();
        }
        return $data;
    }
}
```

图 7-11　借阅管理

```
    // 后台借阅记录
    public function initAdminBorrow() {
        $db = MysqlDB::getInstance ();
        $query = "select count(*) as num from $this->tableName";
        $db->query ( $query );
        $row = $db->fetch_assoc ();
        $this->count = $row ['num']; // 数据总数
        $this->pageCount = ceil ( $this->count / $this->pageSize );
        $this->pageNext = $this->pageNo + 1; // 下一页
        $this->pagePrev = $this->pageNo - 1; // 上一页
                                            // 判断页码越界
        if ($this->pageNext > $this->pageCount)
            $this->pageNext = $this->pageCount;
        if ($this->pagePrev < 1)
            $this->pagePrev = 1;
        if ($this->pageNo > $this->pageCount)
            $this->pageNo = $this->pageCount;
        if ($this->pageNo < 1)
            $this->pageNo = 1;

        $offset = ($this->pageNo - 1) * $this->pageSize; // 偏移量
        $sql = "select borrow.id,book.bookname,user.username,
                borrow.status,borrow.borrowdate,borrow.thedate
                from lb_borrow as borrow ";
        $sql .= "left join lb_book book on borrow.bookid = book.id";
        $sql .= "left join lb_userinfo user on
                borrow.userid =user.id";
        $sql .= "order by $this->orderField $this->orderType
         limit $offset,$this->pageSize";
        $db->query ( $sql );
        $num = $db->num_rows (); // 本页查询到的数据总数
        $data = array (); // 定义空数组
        for($i = 0; $i < $num; $i ++) { // 循环num次
            $data [] = $db->fetch_assoc (); // 创建二维数组
        }
        return $data;
    }
```

图 7-12　分页类 initAdminBorrow()

本任务完成后，维护开发阶段项目进度为完成一个项目，开发阶段进度为 100%，自动计算总项目完成率为 52%，如图 7-13 所示。

任务名称	工期	开始时间	完成时间	前置任务	资源名称	完成百分比	添加新列
图书管理系统	61 个工作日	2014年5月6日	2014年7月29日		项目经理	52%	
需求阶段	11 个工作日	2014年5月6日	2014年5月20日		规划组	100%	
设计阶段	13 个工作日	2014年5月21日	2014年6月6日		开发组	100%	
开发阶段	20 个工作日	2014年6月9日	2014年7月4日		开发组	60%	
数据库数据库访问层设计与实现	10 个工作日	2014年6月9日	2014年6月20日	11	开发组	100%	
后台管理员模块设计与实现	10 个工作日	2014年6月23日	2014年7月4日	13	开发组员1	100%	
后台图书档案管理模块设计与实现	10 个工作日	2014年6月23日	2014年7月4日	11	开发组员2	100%	
首页设计与实现	10 个工作日	2014年6月23日	2014年7月4日		开发组员3	0%	
图书借还模块设计与实现	10 个工作日	2014年6月23日	2014年7月4日		开发组员4	0%	
测试阶段	21 个工作日	2014年6月16日	2014年7月14日		规划组长	0%	
验收阶段	11 个工作日	2014年7月15日	2014年7月29日		项目经理	0%	

图 7-13　项目进度

将本任务的要点填在图 7-14 中。

图 7-14　任务七要点回顾

1）$GLOBALS 全局变量的作用。

2）图片上传的相关函数和意义。

3）分页的原理。

任务八

图书管理系统首页设计与实现

引言：

有了数据后台的支撑，现在是用户界面的使用。首页是图书管理系统的大门，以简洁大方的面貌示人，第一步赢得用户的喜爱，首页的导航功能是否简洁易用也显得尤为重要。

学习目标

1）掌握 DIV+CSS 布局。
2）Smarty 模板的知识巩固与应用。

子任务一 设计图书管理系统首页

大家熟知的 Table 布局已无法适应现在的多样化浏览器以及多分辨率屏幕，DIV+CSS 的应运而生，解决了 Table 布局的难题。

1. CSS 基础应用

（1）什么是 CSS
请依照下面维护个人信息。
个人信息{
　　姓名：欧阳木木；
　　年龄：20；
　　身高：160cm；
　　爱好：看书；
　　性格：开朗；
}
请叙述图 8-1 这位“英雄”角色的力量怎么样？

现在明白 CSS 其实不过是一组描述信息，是成双成对有规律的出现的，CSS 的官方中文名是层叠样式表单，英文名是 Cascading style Sheets。

图 8-1 游戏角色

（2）CSS 的作用

1）有利于网页外观设置的批量控制；

2）有利于网页外观的精确控制；

3）有利于网页的维护升级修改。

（3）CSS 的样式分类

1）行内样式，是指在标签里设置样式，优先级别最高：<标签名 style="属性名 1：值 1；…… " >…</标签>；

2）内部样式，在头文件以<style>包围块设置样式，优先级别次于行内样式：<style>选择器{属性名 1：值 1；……}</style>；

3）外部样式，是一个独立的 css 文件，通过 html 文件中 link 标签引入到当前网页中，代码如下。

```
<link rel="stylesheet" type="text/css" href="abc.css" />
abc.css 文件中的语法是：选择器{属性名 1：值 1；……}
```

4）导入样式，也是一个独立的 css 文件，但是在 css 文件中通过@import 命令进入（导入）到该 css 文件中，当然，该 css 文件也会被 html 文件引入，代码如下。

```
html 文件中：<link rel="stylesheet" type="text/css" href="abc.css" />
abc.css 文件中：@import url("def.css");
```

内部样式优先级别次于内部样式，内部样式只能在当前网页使用，外部样式可以给多个网页使用。

（4）选择器形式和分类

选择器就是指用某值语法来代表 html 中的某个（或某些）标签（元素），其实也就是找到对应的元素的语法而已。然后该选择器中的属性设定就会对该元素生效。

通常选择器分为以下几种。

1）标签选择器：标签名{属性设定;……}

2）类选择器（class 选择器）：.类名{属性设定;……}

3）ID 选择器：#id 名{属性设定;……}

特别注意：在一个网页上的标签的 id 名不可以重复！

4）通用选择器（代表所有 HTML 标签）：*{属性设定;……}

5）伪类选择器：只有固定的几个，这里只介绍 a 标签上可用的几个，用于表示 a 标签处于不同的状态。

```
:link        —— 链接的初始状态；
:visited     —— 链接访问之后的状态；
:hover       —— 链接在鼠标放上去时的状态；
:active      —— 链接在鼠标“摁住”但还没有抬起来时的状态。
```

说明：上述 4 个伪类通常用于 a 标签，但个别（比如 hover）也可以用于很多其他标签。如果要跟其他标签分开，通常需要使用这种形式：a:link{…}、a:visited{…}、a:hover{….}、a:active{….}。

6）复合选择器之层级选择器：介绍如下。

```
形式： 选择器 1　选择器 2{属性设定;……};
```

含义：　选择器 1 所选中的标签中的由选择器 2 所选中的标签；

说明：　选择器 1，选择器 2 均可以是前面 5 种基础选择器或其组合；

举例：　.c2 p{….}，div　p{….}，.c2 p span{….}，#d1　.c2　p{….}

注释：其层级的书写不一定要严格一级一级写下来。

7）复合选择器之分组选择器：介绍如下。

```
形式：选择器 1，　选择器 2，　….{属性设定;……};
```

含义：表示多个不同的选择器均使用该共同的属性设定；

举例：　#d1，　div，　p{….}　　#d1 p，　.c2，　p　.c2{….}；

说明：　分组选择器进一步简化了代码（重用代码）。

（5）盒子模型

盒子是 CSS 技术中的核心观念！

什么是盒子？可以这样认为：几乎任何一个可以表现出来的标签，都可以称为盒子。

盒子的形状是矩形，具有上下左右 4 条边。

盒子从容纳性角度来说，可以分为以下两种。

1）容器盒子：里面可以放其他内容，其实就是双标签。

2）非容器盒子：里面不能放其他内容了，其实就是单标签。

盒子具有如下特性：宽高（width，height）、边框(border)、外边距(margin)，内边距(padding)，如图 8-2 所示。

盒子实际所占据的区域包括（从内到外）内容区、padding 区、border 区、margin 区、特别要注意的是：设定盒子的宽高通常只是盒子的内容区的宽高。

两种最常用的也是最重要的盒子区别如下。

1）块盒子：一个默认情况下会独自占据一行（不管其自身的宽度）的盒子。

2）行内盒子：一个默认情况下会在一行中跟其他内容连续出现，直到碰到行尾才自动换行。

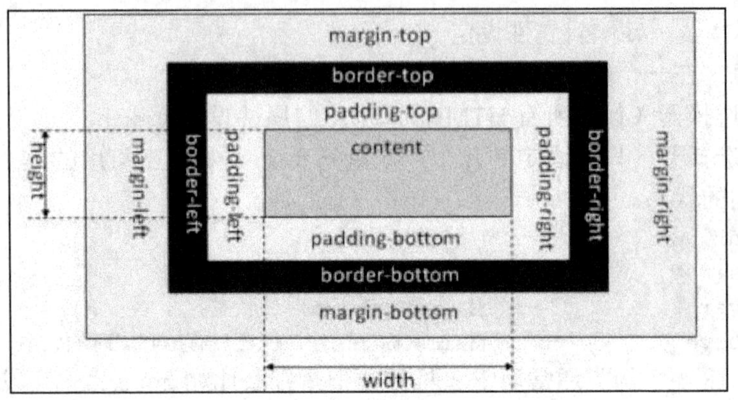

图 8-2　盒子模型

块盒子和行内盒子的区别：行内盒子的宽高不可以使用 CSS 设定（即对 width、height 无效），也不可以设定其上下 padding 和 margin。

（6）浮动

浮动的含义：其实就是指让一个盒子往某个指定的方向（左或者右）“浮起来”，其实可以认为该盒子已经不跟其兄弟（姐妹）元素挤在一起了，而是浮到上一层了。

浮动具有一定的“破坏”效果，需要在使用浮动布局的过程中，来消除其破坏效果，基本做法有以下两种。

1）具有浮动的盒子的父盒子上使用属性：overflow:hidden。

2）具有浮动的盒子的父盒子中的最后加一个空的 div：<div　style="clear:both"></div>

2. 设计图书管理系统首页

1）设计一个简洁的首页初稿，如图 8-3 所示。大盒子(Body)里设置头、中、尾三个盒子；头部分两个盒子，上面的盒子放 Logo、广告区，下面的盒子放登录注册工具区；中间盒子又细分左右两个盒子，左盒子放置图书列表信息，右盒子放置借书还书等导航区；底部的盒子放置版权信息、链接信息等。

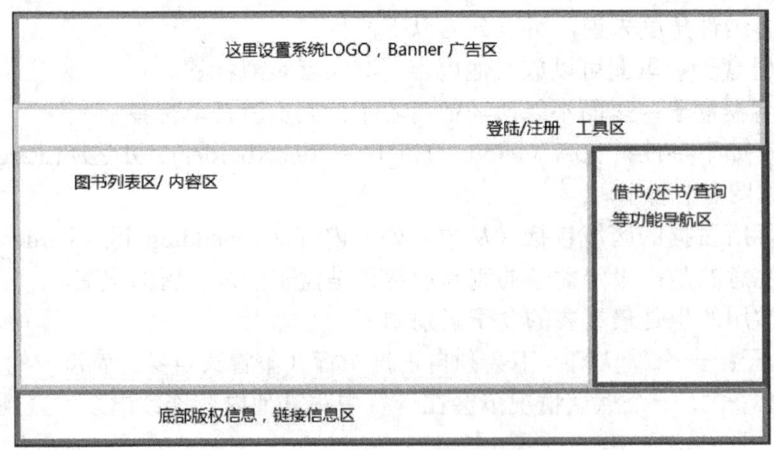

图 8-3　首页设计草图

2）根据草图完成首页的整体布局设计，如图 8-4 所示。

RFID
智能图书馆借还系统
惠州市技师学院图书馆
lib.hzti.net
惠州市技师学院二期D502-4008-8888888
注册
借书
续借
还书
查询
欢迎光临
惠州市技师学院图书馆
【惠州市技师学院二期D502-Http://172.22.42.250】

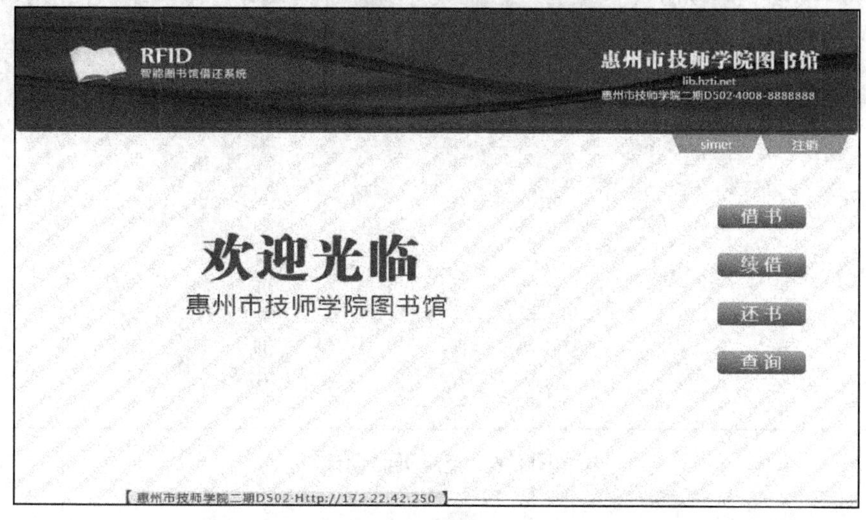

图 8-4　首页设计

3）设计注册用户的信息，设计必填项目用红色*提示，如图 8-5 所示。

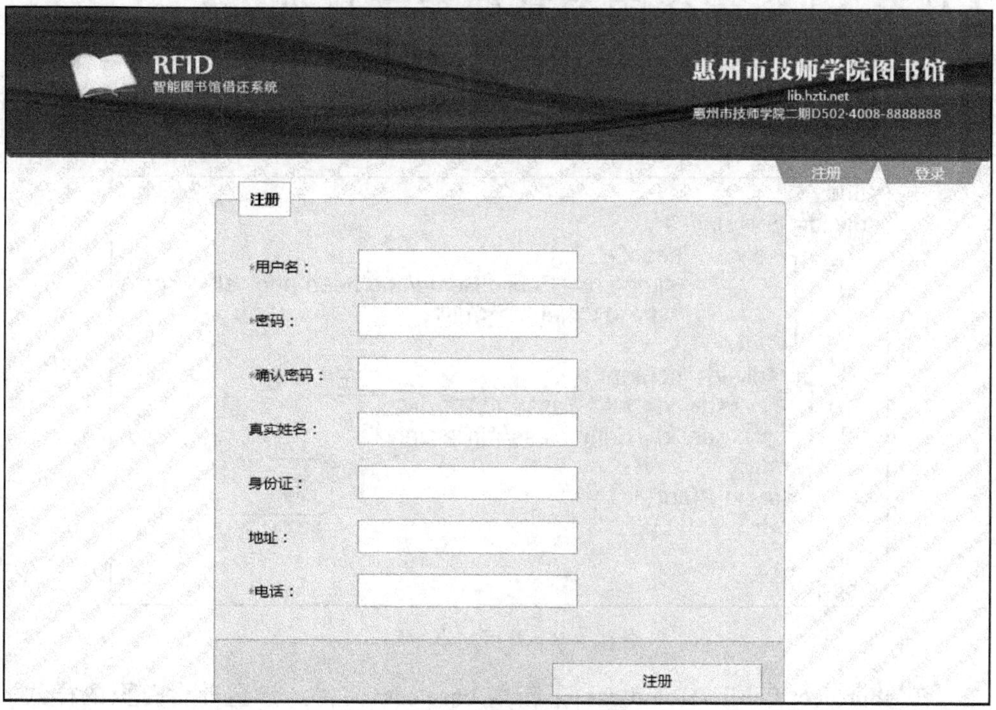
RFID
智能图书馆借还系统
惠州市技师学院图书馆
lib.hzti.net
惠州市技师学院二期D502-4008-8888888
注册
登录
注册
*用户名：
*密码：
*确认密码：
真实姓名：
身份证：
地址：
*电话：
注册

图 8-5　注册页面设计

4）设计完注册的信息开始设计登录的页面信息，如图 8-6 所示。

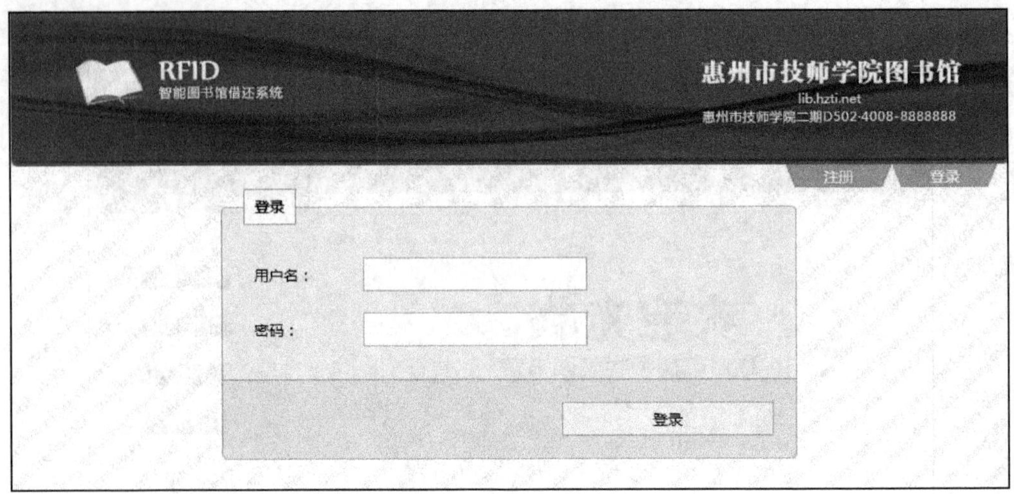

图 8-6　登录页面设计

子任务二　实现图书管理系统首页

1）根据草图开始进行代码编写：在 lbproject/ View/Home 下新建 index.html 文件，初步编写布局，如图 8-7 所示。

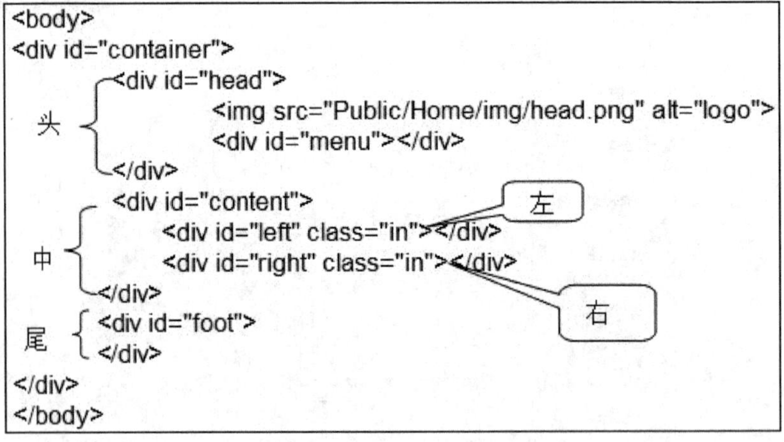

图 8-7　首页初步布局

2）在 lbproject/Public/Home/css 下新增/base.css 文件，设置前台首页的样式，如图 8-8 所示。

```
/* CSS Document */
html,body,a,h1,h2,h3,h5,p,div,ul,li,ol,dl,dt,dd,
img,form,input,select,fieldset{
    margin:0px;
    padding:0px;
    font:14px/1.5 'Microsoft YaHei',arial,tahoma,sans-serif;
    line-height:1.62;
}
ul{
    list-style:none;
}
a{
    text-decoration: none;
}
b{
    color:#ff7126;
}
a:hover{
    text-decoration:none;
}
.red{
    color:red;
    vertical-align:sub;
}
.out{
    font-size:0px;
    letter-spacing:-8px;
}
.in{
    display:inline-block;
    vertical-align:top;
}
.in{
    *display:inline;
}
.curs{
    background:url(../img/right.png) no-repeat 100% 50% ;
}
#borrowbutton{
    margin-left:10px;
}
#borrowbutton a{
    cursor:pointer;
}
#container {
    min-width:943px;
    width:943px;
    margin:0 auto;
}
#head {
    background:url(../img/bg.png) repeat;
}
#head img {
```

图 8-8 base.css 文件

```
    border-radius:0 0 5px 5px;
    border-bottom:3px solid rgb(93, 102, 155);
}
#head #menu {
    margin-top:-5px;
    text-align:right;
    margin-right:10px;
}
#head #menu #bread{
    text-align:left;
    width:77%;
    display:inline-block;
}
#head #menu #bread a{
    padding:0 5px;
    color:rgb(85, 151, 189);
}
#head #menu #bread a:hover{
    background:rgb(85, 151, 189);
    color:white;
}
#head #menu .greentitle{
    text-align:center;
    color:white;
    width:100px;
    background:url(../img/title.png) no-repeat;
    height:22px;
}
#head #menu .greentitle:hover{
    color:#ADA;
}
#content {
    background:url(../img/bg.png) repeat;
}
#content{
    background:url(../img/bg.png) repeat;
}
#content h1{
    font-size:25px;
    padding:10px;
}
#content .submit{
    border-top:0px;
    border-radius:0 0 5px 5px;
    background:#D0E3F1;
    text-align:right;
}
#content fieldset{
    margin:0 auto;
    width:500px;
    border:#aaa solid 1px;
    padding:1.5em;
    background:#EAEBF5;
```

图 8-8　base.css 文件（续）

```
    border-radius:5px 5px 0 0;
}
#content .nav{
    margin:0 auto;
    width:100%;
    border:none;
    padding:none;
    background:none;
    border-radius:none;
}
#content .nav .inp{
    width:470px;
    height:34px;
    background:url(../img/nav_bg_a1.png) no-repeat 0 0;
    float:left;
}
#content .nav .inp2 input{
    background:url(../img/nav_bg_a1.png) no-repeat 0 -40px;
    overflow:hidden;
    width:37px;
    cursor:pointer;
}
#content .nav .search_text{
    width:470px;
    outline:0;
    padding-left:10px;
}
#content fieldset input{
    width:200px;
    border:1px solid #aaa;
    padding:4px;
}
#content fieldset .input{
    width:210px;
}
#content fieldset label span{
    width:100px;
    vertical-align:sub;
}
#content fieldset legend{
    border:1px solid #aaa;
    background:white;
    font-weight:bold;
    padding:5px 10px;
}
#content fieldset label{
    padding:10px;
    width:100%;
}
#content #left{
    min-height:350px;
    width:82%;
}
```

图 8-8　base.css 文件（续）

```
#content #left #clearfix {
    text-align:right;
}
#content #left #clearfix a{
    font-size:12px;
}
.list{
    margin-top:5px;
}
.item{
    padding:20px 0 10px;
    border-top:1px dashed #DDD;
}
.list .item .pic{
    width:14%;
}
.list .item .info{
    width:85%;
}
.list .item .info h2{
    width:100%;
}
.list .item .info a{
    width:90%;
}
.list .item .info p{
    padding:10px 0;
}
.list .item .info p,.list .item .info div{
    font-size:12px;
    color:#666;
}
#content #left{
    width:70%;
    font-size:12px;
}
#content #left .subjectwrap{

    color:#666;
}
#content #left .subjectwrap .mainpic{
    width:14%;
}
#content #left .subjectwrap .maininfo{
    font-size:12px;
    width:85%;
}
#content #left .subjectwrap .maininfo #contentbox{
    font-size:12px;
}
#content #left .subjectwrap .maininfo .p1{
    display:inline-block;
}
```

图 8-8 base.css 文件（续）

```
#content #left a{
    color:rgb(85, 151, 189);
}
#content #left #related_info{
    padding:10px;
}
#content #left a:hover{
    color:white;
    background:rgb(85, 151, 189);
}
#content #left #pagefoot{
    text-align:center;
    font-size:12px;
}
#pagefoot{
    text-align:center;
    font-size:12px;
}
#pagefoot a{
    color:rgb(85, 151, 189);
}
#pagefoot a:hover{
    background:rgb(85, 151, 189);
    color:white;
}
#content #height{
    min-height:350px;
}
#content #height .AreaL{
    width:18%;
}
#content #height .AreaL .userMenu{
    padding:10px;
}
#content #height .AreaL .userMenu img{
    padding-right:10px;
}
#content #height .AreaL .userMenu a{
    padding:2px 0;
    margin:5px 0;
    display:block;
    color:black;
    border-bottom:1px dashed #AAA;
}
#content #height .AreaL .userMenu a:hover{
    color:rgb(126, 137, 145);
}
#content #height .AreaR .userMenu .warning{
    margin:10px 15px 0 0;
    width:350px;
    height:100px;
}
#content #height .AreaR .userMenu .userinfo{
```

图 8-8　base.css 文件（续）

```
    margin:10px 15px 0 0;
    width:100%;
}
#content #height .AreaR .userMenu .userinfo h5{
    background:#f6f6f6;
    color:#900;
    text-align:center;
    font-weight:bold;
}
#content #height .AreaR .userMenu .userinfo ul{
    width:10%;
}
#content #height .AreaR .userMenu .userinfo .ul{
    width:85%;
}
#content #height .AreaR .userMenu .userinfo .borrow_ul_top{
    width:100%;
}
#content #height .AreaR .userMenu .userinfo .borrow_ul_top li{
    width:19%;
    text-align:center;
    font-size:14px;
    color:#900;
}
#content #height .AreaR .userMenu .userinfo .borrow_ul{
    width:100%;
}
#content #height .AreaR .userMenu .userinfo .borrow_ul li{
    width:19%;
    border-top:1px dashed #AAA;
    text-align:center;
    font-size:12px;
}
#content #height .AreaR .userMenu .userinfo li{
    line-height:30px;
}
#content #height .AreaR .userMenu .warning h5{
    background:#f6f6f6;
    color:#900;
    font-weight:bold;
}
#content #height .AreaR .userMenu .warning p{
    font-size:12px;
}
#content #height .AreaR{
    width:78%;
    padding:10px;
}
#content #left #welcome{
    margin-top:80px;
    text-align:center;
}
#content #right{
```

图 8-8　base.css 文件（续）

```
    width:15%;
}
#content #right ul{
    margin-top:60px;
    width:100px;
    z-index:1000;
    margin-left:120px;
}
#content #right ul li.button{
    border-radius:5px;
    line-height:25px;
    text-align:center;
    font-size:20px;
    color:white;
    background:url(../img/aef.png) rgb(63, 120, 194) 100%;
    border-bottom:2px solid rgb(93, 102, 155);
}
#content #right ul li{
    margin-top:30px;
}
#content #right ul li:hover{
    color:#9CCCF1;
}
#foot {
    bottom:0;
    z-index:2;
}
```

图 8-8　base.css 文件（续）

难点 1 讲解：在 CSS 样式设置中，z-index 属性的设置用来设置元素的堆叠顺序。z-index 值越大，显示越前面；值越小，可为负数，显示在后面。例如系统的背景图片的设置，将 z-index 设置值较小，使系统的背景产生在底部一样的视觉。

难点 2 讲解：inline-block 的作用。很多时候必须使一些块元素并排显示，一般想到的是必须使用浮动，但是块元素浮动给边距(margin)的时候在 IE 下会出现加倍的 BUG。display:inline-block 简单来说就是将对象呈递为内联对象，但是对象的内容作为块对象呈递。旁边的内联对象会被呈递在同一行内，允许空格，但是这个属性目前不是所有的浏览器都支持，只有 Opera 和 Safari 支持。

3）设计图片 head.png、welcome.png、foot.png 开始完善 index.html 代码，如图 8-9 所示。

4）在 lbproject/View/Userinfo/下新建 register.html、login.html，编写注册页面和登录页面代码，请参考代码资源库。

```
<!DOCTYPE html>
<html>
<head>
<meta http-equiv="Content-Type" content="text/html; charset=utf-8" />
<link rel="stylesheet"type="text/css"href="Public/Home/css/base.css">
<title>图书管理系统</title>
</head>
<body>
<div id="container">
    <div id="head">
        <img src="Public/Home/img/head.png" alt="logo">
        <div id="menu">
            {if $smarty.session.username eq ''}
            <a href="index.php?Home/userinfo/register">
                <span class="greentitle in">注册</span></a>
                <a href="index.php?Home/userinfo/login">
                    <span class="greentitle in">登录</span></a>
            {else}
            <a href="index.php?Home/userinfo/single"><
            span class="greentitle in">{$smarty.session.username}
            </span></a><a href="index.php?Home/index/loginout">
            <span class="greentitle in">注销</span></a>
            {/if}
        </div>
    </div>
    <div id="content">
        <div id="left" class="in">
            <div id="welcome">
                <img src="Public/Home/img/welcome.png" alt="">
            </div>
        </div>
        <div id="right" class="in">
            <ul>
                <a href="index.php?Home/borrow/borrow">
                    <li class="button">借 书</li></a>
                <a href="index.php?Home/borrow/renew">
                    <li class="button">续 借</li></a>
                <a href="index.php?Home/borrow/returnbook">
                    <li class="button">还 书</li></a>
                <a href="index.php?Home/borrow/select">
                    <li class="button">查 询</li></a>
            </ul>
        </div>
    <div id="foot">
        <img src="Public/Home/img/foot.png">
    </div>
  </div>
</div>
</body>
</html>
```

图 8-9　图书管理系统前台首页

5）在 lbproject/Control/Home/下新建 IndexControl.class.php 文件，如图 8-10 所示。

6）在 lbproject/Control/Home/下新建 UserinfoControl.class.php，请参考代码资源库。

```php
<?php
class IndexControl extends Control {
    public function __construct() {
        session_start ();
        // 去执行父类的构造方法，将view实例化为View类的对象
        parent::__construct ();
    }
    public function index() {
        $this->view->display ( 'index.html' );
    }
    public function loginout() {
        session_destroy ();
        $this->jump ( 'index.php' );
    }
}
```

图 8-10　IndexControl.class.php 文件

本任务以 DIV+CSS 布局，完成了首页的设计与实现。

本任务完成后，维护开发阶段项目进度为完成一个项目，开发阶段进度为 80%，自动计算总项目完成率为 62%，如图 8-11 所示。

任务名称	工期	开始时间	完成时间	前置任务	资源名称	完成百分比	添加新列
图书管理系统	61 个工作日	2014年5月6日	2014年7月29日		项目经理	62%	
需求阶段	11 个工作日	2014年5月6日	2014年5月20日		规划组	100%	
设计阶段	13 个工作日	2014年5月21日	2014年6月6日		开发组	100%	
开发阶段	20 个工作日	2014年6月9日	2014年7月4日		开发组	80%	
数据库数据库访问层设计与实现	10 个工作日	2014年6月9日	2014年6月20日	11	开发组	100%	
后台管理员模块设计与实现	10 个工作日	2014年6月23日	2014年7月4日	13	开发组员1	100%	
后台图书档案管理模块设计与实现	10 个工作日	2014年6月23日	2014年7月4日	13	开发组员2	100%	
首页设计与实现	10 个工作日	2014年6月23日	2014年7月4日	13	开发组员3	100%	
图书借还模块设计与实现	10 个工作日	2014年6月23日	2014年7月4日	13	开发组员4	0%	
测试阶段	6 个工作日	2014年7月7日	2014年7月14日		规划组长	0%	
验收阶段	11 个工作日	2014年7月15日	2014年7月29日		项目经理	0%	

图 8-11　项目进度

将本任务的要点填在图 8-12 中。

图 8-12　任务八要点回顾

1）请采用 DIV+CSS 完成下面布局。

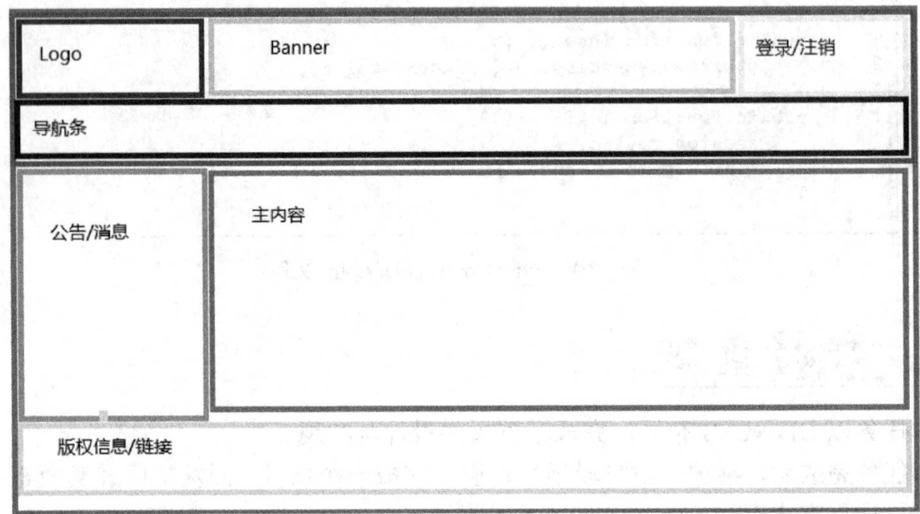

2）请分析 float 布局和 inline-block 布局的各自优点。

任务九

图书借还模块设计与实现

引言：

图书管理系统的核心价值便是图书的流通以及图书的保管，图书借还模块设计主要实现借阅与查询功能，反映图书的借阅状态、保存位置。

学习目标

完成图书借还模块。

子任务一 设计图书借还模块

1. 设计查询图书信息功能

用户登录图书管理系统后，可以根据书名、作者、ISBN 模糊查询图书管理系统是否有自己想借的书，设计查询界面如图 9-1 所示；根据查询如果有需要的书，列出结果如图 9-2 所示，如果没有需要的书籍显示如图 9-3 所示。

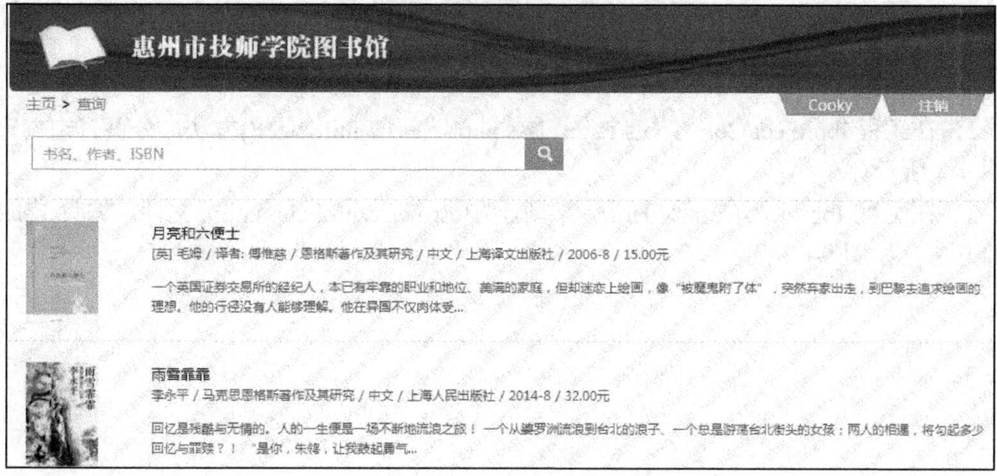

图 9-1 用户查询界面

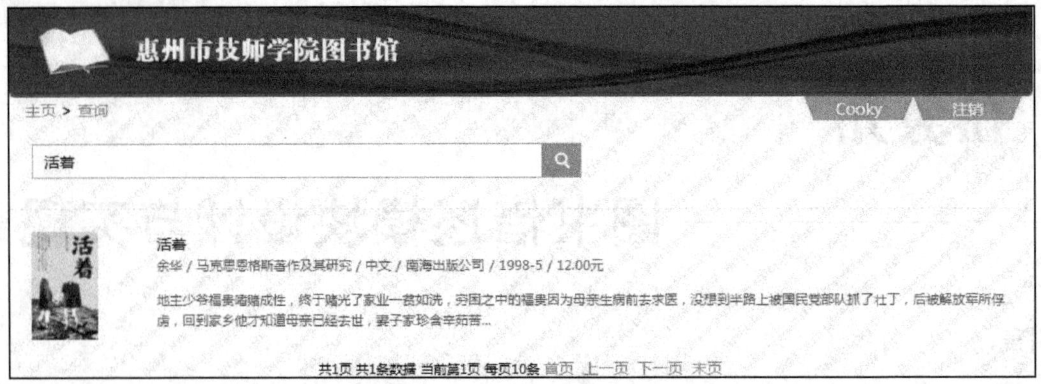

图 9-2　用户查询结果（有）

图 9-3　用户查询结果（无）

2. 实现查询图书信息功能

1）在工程 lbproject/View/Home/Borrow/下新建 select.html 文件，请参考代码资源库。如图 9-4 所示小技巧提示：其中 placeholder 标签是用来提示用户输入信息。

```
<div class="inp">
    <input name="search_text" class="search_text" value="{$search}"
    maxlength="60" placeholder="书名、作者、ISBN"/>
</div>
```

图 9-4　用户提示标签

2）在工程 lbproject/Core/Tools/Page.class.php 下新增 initSelect()方法，分页查询书籍，如图 9-5 所示。

3）在工程 lbproject/Control/Home/下新建 BorrowControl.class.php 文件，编写 select()查询方法，如图 9-6 所示。

```
    // 前台查询表
    public function initSelect($search) {
        $db = MysqlDB::getInstance ();
        $query = "select count(*) as num from {$this->tableName}
        where ISBN = '{$search}' or bookname
        like '%{$search}%' or writer like '%{$search}%';";
        $db->query ( $query );
        $row = $db->fetch_assoc ();
        $this->count = $row ['num']; // 数据总数
        $this->pageCount = ceil ( $this->count / $this->pageSize );
        $this->pageNext = $this->pageNo + 1; // 下一页
        $this->pagePrev = $this->pageNo - 1; // 上一页
                                             // 判断页码越界
        if ($this->pageNext > $this->pageCount)
            $this->pageNext = $this->pageCount;
        if ($this->pagePrev < 1)
            $this->pagePrev = 1;
        if ($this->pageNo > $this->pageCount)
            $this->pageNo = $this->pageCount;
        if ($this->pageNo < 1)
            $this->pageNo = 1;
        $offset = ($this->pageNo - 1) * $this->pageSize; // 偏移量
        $sql = "select language.type language,type.type,
        book.id,book.bookname,book.writer,book.science,
        book.price,book.sellyear,book.photo_thumb,
        left(brief,90) as brief from $this->tableName book ";
        $sql .= "left join lb_language language on
                 book.language = language.id ";
        $sql .= "left join lb_typetwo type on book.type = type.id ";
        $sql .= "where ISBN = '{$search}' or bookname
        like '%{$search}%' or writer like '%{$search}%' ";
        $sql .= "order by $this->orderField
         $this->orderType limit $offset,$this->pageSize";
        $db->query ( $sql );
        $num = $db->num_rows (); // 本页查询到的数据总数
        $data = array (); // 定义空数组
        for($i = 0; $i < $num; $i ++) { // 循环num次
            $data [] = $db->fetch_assoc (); // 创建二维数组
        }
        return $data;
    }
```

图 9-5　分页 initSelect()

```
    public function select() {
        $page = isset ( $_GET ['&pageNo'] ) ?
        $_GET ['&pageNo'] : 1;
        $this->results ( $page );
    }
    public function results($pageNo) {
        $search = $_POST ['search_text'];
        $page = new Page ( 'book' );
        $page->pageNo = $pageNo; // 页码
        $page->pageSize = 10; // 页码
        $bookData = $page->initSelect ( $search );
        $paper = $page->getPager ();
        $this->view->assign ( 'bookData', $bookData );
        $this->view->assign ( 'search', $search );
        $this->view->assign ( 'paper', $paper );
        $str = $this->view->fetch ( "select.html" );
        echo $str;
    }
```

图 9-6　查询图书

子任务二　实现图书借还模块

1. 设计借阅图书功能界面（图 9-7）

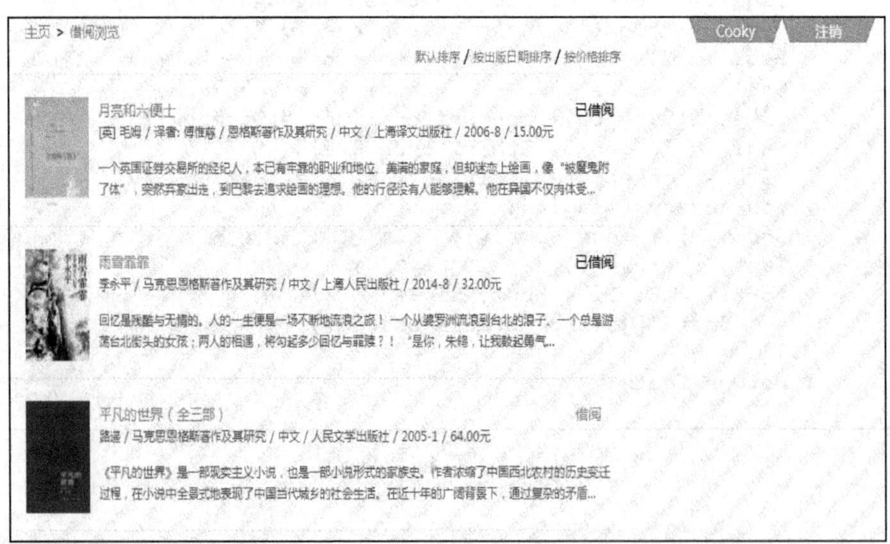

图 9-7　用户借阅信息查询

2. 实现借阅图书功能界面

1）在工程 lbproject/View/Home/Borrow/下新建 borrow.html 文件，请参考代码资源库。

2）在工程 lbproject/Core/Tools/Page.class.php 下新增 initborrow ()方法，分页显示借阅信息，如图 9-8 所示。

3）在工程 lbproject/Control/Home//BorrowControl.class.php 下新增 borrow()、sellyear()、price()、ajaxPage()方法实现“默认排序”、“按出版日期排序”、“按价格排序”三种方式列出图书信息，如图 9-9 所示。

```
    //前台图书表
    public function initborrow() {
        $db = MysqlDB::getInstance ();
        $query = "select count(*) as num from $this->tableName";
        $db->query ( $query );
        $row = $db->fetch_assoc ();
        $this->count = $row ['num']; // 数据总数
        $this->pageCount = ceil ( $this->count / $this->pageSize );
        $this->pageNext = $this->pageNo + 1; // 下一页
        $this->pagePrev = $this->pageNo - 1; // 上一页
                                             // 判断页码越界
        if ($this->pageNext > $this->pageCount)
            $this->pageNext = $this->pageCount;
        if ($this->pagePrev < 1)
            $this->pagePrev = 1;
        if ($this->pageNo > $this->pageCount)
            $this->pageNo = $this->pageCount;
        if ($this->pageNo < 1)
            $this->pageNo = 1;
        $offset = ($this->pageNo - 1) * $this->pageSize; // 偏移量
        $query = "select language.type language,type.type,book.id,
        book.bookname,book.writer,book.science,book.price,
        book.sellyear,book.photo_thumb,left(brief,90) as brief
         from $this->tableName book ";
        $query .= "left join lb_language language
                on book.language = language.id ";
        $query .= "left join lb_typetwo type on book.type = type.id
        $query .= "where book.status=1 ";
        $query .= "order by $this->orderField $this->orderType
        limit $offset,$this->pageSize";
        $db->query ( $query );
        $num = $db->num_rows (); // 本页查询到的数据总数
        $data = array (); // 定义空数组
        for($i = 0; $i < $num; $i ++) { // 循环num次
            $data [] = $db->fetch_assoc (); // 创建二维数组
        }
        return $data;
    }
```

图 9-8　借阅信息分页

```
    public function borrow() {
        $page = isset ( $_GET ['&pageNo'] ) ? $_GET ['&pageNo'] : 1;
        $this->ajaxPage ( $page );
    }
    public function sellyear() {
        $page = isset ( $_GET ['&pageNo'] ) ? $_GET ['&pageNo'] : 1;
        $this->ajaxPage ( $page, 'sellyear' );
    }
    public function price() {
        $page = isset ( $_GET ['&pageNo'] ) ? $_GET ['&pageNo'] : 1;
        $this->ajaxPage ( $page, 'price' );
    }
    public function ajaxPage($pageNo, $order = 'id') {
        $borrow = new BorrowModel ();
        $data = $borrow->selectBorrow($_SESSION['userinfo']['id']);
        $page = new Page ( 'book' );
        $page->pageNo = $pageNo; // 页码
        $page->pageSize = 10; // 页码
        $page->orderField = "$order"; // 页码
        $bookData = $page->initborrow ();
        $temp = array ();
        $temp2 = array ();
        foreach ( $bookData as $value ) {
            $temp [] = $value ['id'];
        }
        foreach ( $data as $value ) {
            $temp2 [] = $value ['bookid'];
        }
        $temp3 = array_diff ( $temp, $temp2 );
        for($i = 0; $i < count ( $bookData ); $i ++) {
            if ($bookData [$i] ['id'] == $temp3 [$i]) {
                $bookData [$i] ['isBorrow'] = '0';
            } else {
                $bookData [$i] ['isBorrow'] = '1';
            }
        }
        $paper = $page->getPager ();
        if ($order == 'id')
            $order = 'borrow';
        $this->view->assign ( 'order', $order );
        $this->view->assign ( 'bookData', $bookData );
        $this->view->assign ( 'paper', $paper );
        $str = $this->view->fetch ( 'borrow.html' );
        echo $str;
    }
```

图 9-9　按三种方式排列借阅信息

子任务三 设计和实现图书续借模块

1. 设计图书续借功能界面（图 9-10）

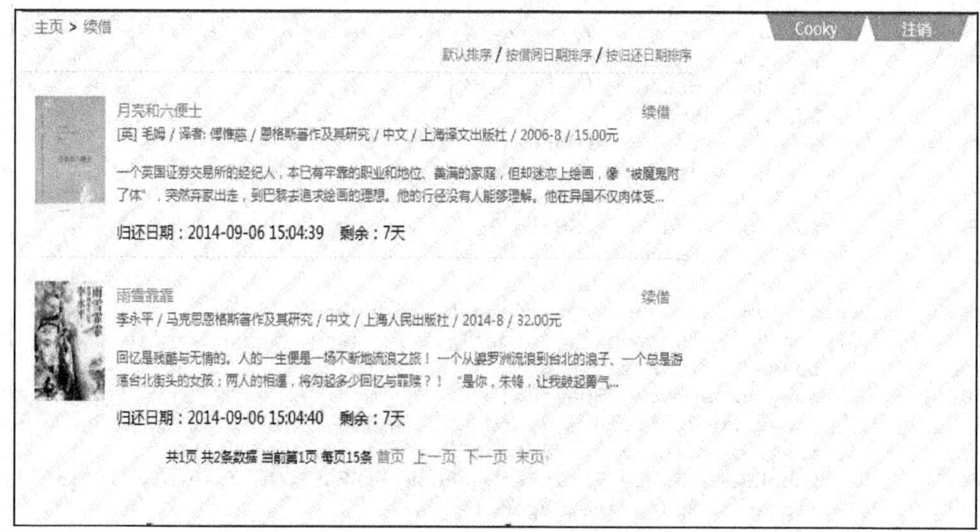

图 9-10 续借功能

2. 实现图书续借功能界面

1）在工程 lbproject/View/Home/Borrow/下新建 renew.html 文件，请参考代码资源库。其中难点为剩余天数的计算与格式化，代码如下。

<span class="in">归还日期：{$value['thedate']|date_format:'%Y-%m-%d %H:%M:%S'} 剩余：{(($value['thedate']-$value['borrowdate'])/(60*60*24))|string_format:"%d"}天</span>

2）在工程 lbproject/Control/Home//BorrowControl.class.php 下新增 renew()、renewBorrow()、renewThe()、ajaxPage2()、renewBorrowBook()方法实现"默认排序"、"按借阅日期排序"，"按归还日期排序"三种方式列出图书信息，如图 9-11 所示。

```
    public function renew() {
        $page = isset($_GET['&pageNo'])?$_GET['&pageNo']:1;
        $this->ajaxPage2 ( $page, 'id', 'renew', 'asc');
    }
    public function renewBorrow() {
        $page = isset( $_GET['&pageNo'])?$_GET['&pageNo']:1;
        $this->ajaxPage2($page,'borrowdate','renew','desc',
                'renewBorrow');
    }
```

图 9-11 续借图书

```
    public function renewThe() {
        $page = isset($_GET ['&pageNo'])? $_GET['&pageNo'] : 1;
        $this->ajaxPage2($page, 'thedate', 'renew', 'desc',
                'renewThe');
    }
    public function renewBorrowBook() {
        $order = $_GET ['act'];
        $borrowid = $_GET ['id'];
        $borrow = new BorrowModel ();
        $rows = $borrow->fetchRow ( $borrowid );
        $time = 7 * (60 * 60 * 24);
        $thedate = $rows ['thedate'] + $time;
        $data = array (
                'id' => $borrowid,
                'thedate' => $thedate
        );
        $borrow->update ( $data );
        $this->$order ();
    }
    public function ajaxPage2($pageNo, $order = 'id',
     $fetch = 'returnbook', $orderType = 'asc', $renew = 'id') {
        $page = new Page ( 'borrow' );
        $page->pageNo = $pageNo; // 页码
        $page->orderField = "$order"; // 页码
        $page->orderType = "$orderType"; // 排序方式默认：降序
        $bookData=$page->initReturnBook($_SESSION['userinfo']['id'])
        $paper = $page->getPager ();
        if ($order == 'id')
            $order = 'returnbook';
        if ($order == 'borrowdate')
            $order = 'returnBorrow';
        if ($order == 'thedate')
            $order = 'returnThe';

        if ($renew == 'id')
            $order = 'renew';
        if ($renew == 'renewBorrow')
            $order = 'renewBorrow';
        if ($renew == 'renewThe')
            $order = 'renewThe';

        $this->view->assign ( 'order', $order );
        $this->view->assign ( 'bookData', $bookData );
        $this->view->assign ( 'paper', $paper );
        $str = $this->view->fetch ( "{$fetch}.html" );
        echo $str;
     }
```

图 9-11 续借图书（续）

子任务四 设计与实现图书还书模块

1. 设计图书还书功能界面（图 9-12）

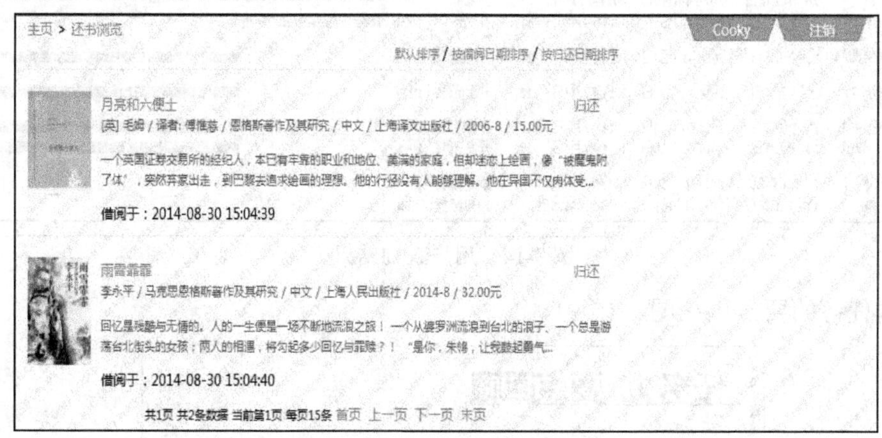

图 9-12 还书界面

2. 实现图书还书功能界面

1）在工程 lbproject/View/Home/Borrow/下新建 returnbook.html 文件，请参考代码资源库。

2）在工程 lbproject/Control/Home//BorrowControl.class.php 下新增 returnbook()、returnBorrow()、returnThe()、returnBorrowbook()方法实现还书信息展示，如图 9-13 所示。

```
    public function returnbook() {
        $page = isset($_GET ['&pageNo'])?$_GET['&pageNo']:1;
        $this->ajaxPage2 ( $page );
    }
    public function returnBorrow() {
        $page = isset($_GET['&pageNo'])? $_GET ['&pageNo']:1;
        $this->ajaxPage2($page,'borrowdate','returnbook', 'desc');
    }
    public function returnThe() {
        $page = isset($_GET['&pageNo'])? $_GET['&pageNo']:1;
        $this->ajaxPage2($page,'thedate','returnbook','desc');
    }
    public function returnBorrowbook() {
        $order = $_GET ['act'];
        $borrowid = $_GET ['id'];
        $borrow = new BorrowModel ();
        $data = array (
                'id' => $borrowid,
                'status' => 1
        );
        $borrow->update ( $data );
        $this->$order ();
    }
```

图 9-13 还书功能

开发阶段完成百分比为 100%，所有项目已完成 71%，如图 9-14 所示。

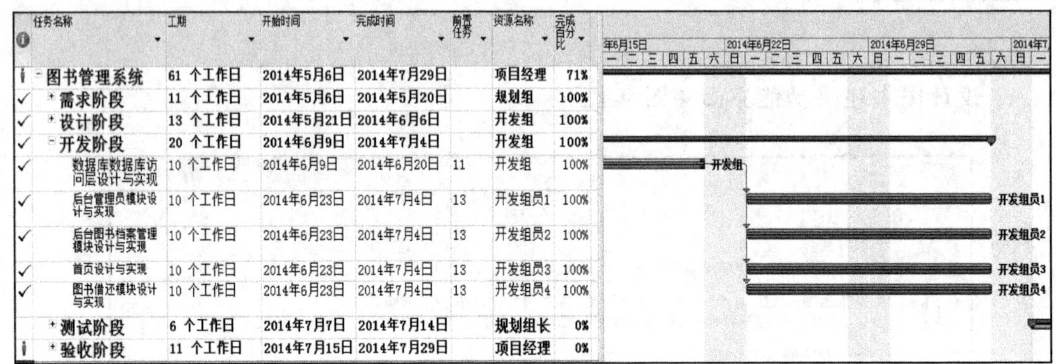

任务名称	工期	开始时间	完成时间	前置任务	资源名称	完成百分比
图书管理系统	61 个工作日	2014年5月6日	2014年7月29日		项目经理	71%
需求阶段	11 个工作日	2014年5月6日	2014年5月20日		规划组	100%
设计阶段	13 个工作日	2014年5月21日	2014年6月6日		开发组	100%
开发阶段	20 个工作日	2014年6月9日	2014年7月4日		开发组	100%
数据库数据库访问层设计与实现	10 个工作日	2014年6月9日	2014年6月20日	11	开发组	100%
后台管理员模块设计与实现	10 个工作日	2014年6月23日	2014年7月4日	13	开发组员1	100%
后台图书档案管理模块设计与实现	10 个工作日	2014年6月23日	2014年7月4日	13	开发组员2	100%
首页设计与实现	10 个工作日	2014年6月23日	2014年7月4日	13	开发组员3	100%
图书借还模块设计与实现	10 个工作日	2014年6月23日	2014年7月4日	13	开发组员4	100%
测试阶段	6 个工作日	2014年7月7日	2014年7月14日		规划组长	0%
验收阶段	11 个工作日	2014年7月15日	2014年7月29日		项目经理	0%

图 9-14　用户查询结果

将本任务的要点填在图 9-15 中。

图 9-15　任务九要点回顾

1）记录前台图书借还模块实现过程中的错误与难点。

2）总结前台图书管理系统与后台管理系统的设计的区别。

任务十 图书管理系统测试与验收

引言：

图书管理系统代码编写完成，是否已经大功告成？还需检查代码是否规范，测试图书管理系统是否存在漏洞，最后进行系统发布。

学习目标

1）掌握 PHP 编码规范。
2）掌握 PHP 单元测试方法。
3）发布系统。

子任务一 图书管理系统测试

一个系统完整的测试包含以下测试，如图 10-1 所示。因篇幅问题，本书针对程序员主要讲功能测试。

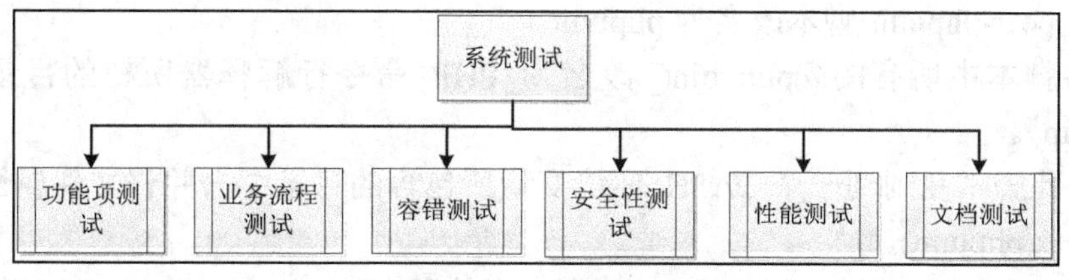

图 10-1 系统测试

当以为项目终于完成的时候，发现可惜在进行功能测试的时候，老是发现 bug，而且最可怕的是，这些 bug 是重复出现的。可能发现这些 bug 之间会有关联，但却老是找不到问题的所在。遇到以上这些令人沮丧的情况时，一定会想能有什么更好的办法去解决呢?办法当然是有的!这就是使用 HPUnit 进行测试。

1. 安装测试图书管理系统的工具 PHPUnit

打开网址 http://pear.php.net/package/PHPUnit2/download，如图 10-2 所示。

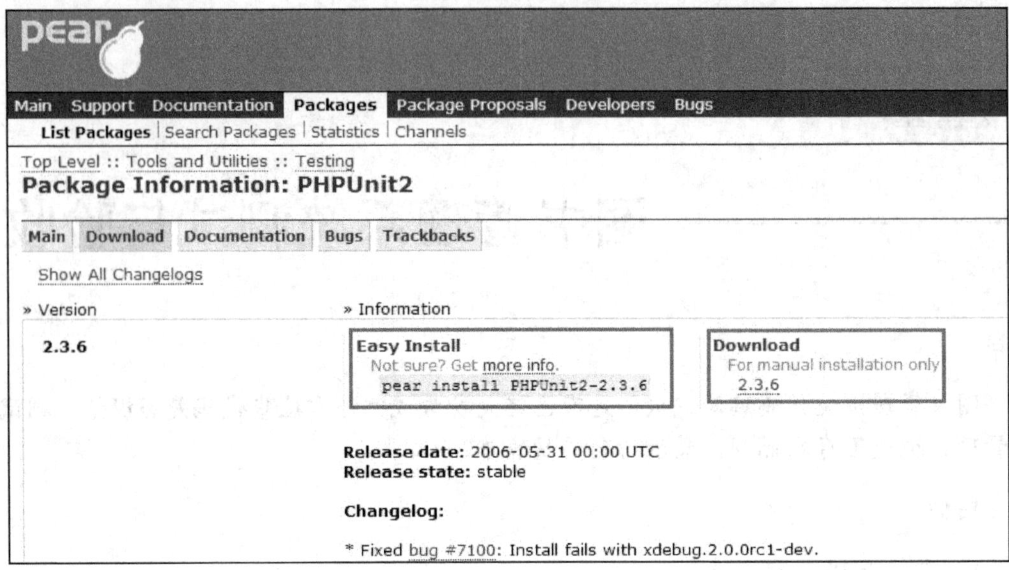

图 10-2 PHPUnit 下载页面

可以通过 PHP 下的 pear 去安装。

pear channel-discover pear.phpunit.de

pear channel-discover components.ez.no

pear channel-discover pear.symfony-project.com

pear install phpunit/PHPUnit

也可以单击 Download 进行下载手动安装，步骤如下。

1）解压下载包，确保目录在 php.ini 定义的 include_path 中。

2）准备 phpunit 脚本。

3）将 pear-phpunit 脚本改名为 phpunit。

4）将脚本中所有的@php_bin@改名为 PHP 命令行解释器所在的目录（通常为/usr/bin/ php）。

5）将此脚本复制到一个 PATH 环境变量所包含的目录中，并将文件属性改为可执行(chmod +x phpunit)。

6)将 PHPUnit2/ Runner/Version.php 脚本中的所有@package_version@字符串替换为所安装的 PHPUnit 版本（如 2.3.6）

2. 编写单元测试代码 PHPUnit

下面开始编写第一个单元测试用例。在编写测试用例时，要遵守如下的 PHPUnit 的规则。

1）一般地，在测试用例中，可以扩展 PHPUnit_Framework_TestCase 类，这样就可以使用像 setUp()、tearDown()等方法了。

2）测试用例的名字最好是使用约定俗成的格式，即在被测试类的后面加上”Test”，比如要测试的类为“Unit”，则测试用例的命名为“UnitTest”。

3）在一个测试用例中的所有的测试方法，在命名时都应该以 test+测试方法名去命名，如测试异常“testException ()”，要注意的是该方法必须是声明为 public 类型的。当然可以在测试用例中包含 private 的方法，但它们不能被 PHPUnit 所调用。

4）测试方法中是不能接收参数的。下面看个简单例子，如图 10-3 所示。

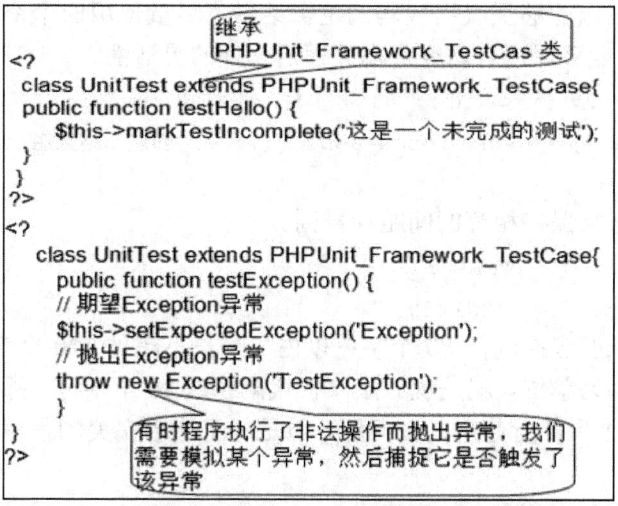

```
继承
PHPUnit_Framework_TestCas 类
<?
 class UnitTest extends PHPUnit_Framework_TestCase{
 public function testHello() {
     $this->markTestIncomplete('这是一个未完成的测试');
 }
 }
?>
<?
   class UnitTest extends PHPUnit_Framework_TestCase{
      public function testException() {
      // 期望Exception异常
      $this->setExpectedException('Exception');
      // 抛出Exception异常
      throw new Exception('TestException');
      }
 }
?>
有时程序执行了非法操作而抛出异常，我们
需要模拟某个异常，然后捕捉它是否触发了
该异常
```

图 10-3　PHPUnit 测试代码

接下来运行这个单元测试，在命令行下输入代码：phpunit /path/to/tests/UnitTest.php 即可，然后会输出结果来查看异常。

3. 检查代码规范

项目开发完成，测试也完成是不是就可以交差呢？不是，还有一项很重要的任务就是检查代码的规范问题。一个团队的优秀与否，一个项目的质量好坏，跟代码的质量有着莫大的关系。

程序代码是一门语言，也是团队之间、程序员与程序员之间沟通的“语言”。为提高工作效率，提高程序代码的可读性和可重复利用性，提高沟通的效率，需要一份代码规范。通过代码规范，让大家养成良好的代码编写习惯，同时减少代码中的 bug，也利于代码重构。

本规范包含 PHP 开发时的文件格式规范，注释规范，变量、常量、函数等命名规范，依据“约定大于规范”的原则，不强制指定哪种规范，大家依据实际情况可调整规范。

（1）检查 php 文件格式规范

1）php 文件的标签有短标签<?和?>、asp 标签<%和%>，虽然是可以通过修改 php.ini 配置文件来使用，但不建议使用这种方法，尤其是在团队开发中，建议使用完整标签，例如下列代码。

```
<?php
   phpinfo();
?>
```

2）对于只含有 php 代码的文件，将在文件结尾处忽略掉 "?>"。这是为了防止多余的空格或者其他字符影响到代码，例如下列代码。

```
<?php
echo "hello world";
```

3）代码缩进应该能够反映出代码的逻辑结果，尽量使用四个空格，禁止使用制表符 TAB，因为这样能够保证有跨客户端编程器软件的灵活性。

```
for($i = 0; $i < $num; $i ++) { // 循环 num 次
    $data [] = $db->fetch_assoc (); // 创建二维数组
}
```

4）变量赋值必须保持相等的间距和排列。

```
$name        = "PHP";
$class_name  = "201239";
```

5）每行代码长度应控制在 80 个字符以内，最长不超过 120 个字符。因为 linux 读入文件一般以 80 列为单位，就是说如果一行代码超过 80 个字符，那么系统将为此付出额外操作指令。这个虽然看起来是小问题，但是对于追求完美的程序员来说也是值得注意并遵守的规范。

6）每行结尾不允许有多余的空格。

（2）检查 php 注释代码规范

每段程序必须提供必要的注释，包括代码块注释、文件注释、函数注释等。

1）程序注释。程序注释有单行注释// # 、多行注释/**/，对于大段注释采用/**/格式，多行注释通常是在文件注释和函数注释中使用，而代码内部通常使用//注释。多行注释一般写在代码块前面，单行注释可以写在语句前面，也可现在语句末尾，如图 10-4 所示。

```
<?php
 /*
 * 计算体积
 */
 function fun($m,$n=1,$x=2){//定义了三个参数，但后面两个参数给了初始值
     $a=$m*$n*$x;
     return $a;
 }
 $p=2;
 //当给一个参数时：2乘1乘2 使用了初始值
 echo fun($p);
 echo fun($p,3);//当给两个参数时：2乘3乘2 $n的初始值被替换为3
 echo fun($p,3,3);
?>
```

图 10-4　代码注释

代码注释不宜太多，大家能看懂的就不必注释；代码注释应该描述为什么，而不是做什么，给代码阅读者提供最主要的信息，不能为了注释而注释。

2）文件注释。文件注释通常放在整个 php 文件头部，其内容包括文件版权、作者、版本、编写日期等重要信息。PHP 中可参看 phpdocumnent 规范，便于利用程序自动生成文档。

文件注释遵循以下规则。

文件注释需包含对本程序的描述，需包含本程序的作者，可包含版本信息，可包含代码编写日期，可包含使用说明，如图 10-5 所示。

```
<?php
    /**
     * 图书管理系统项目
     * @description 签核流程查看公共调用界面
     * @version V1.0
     * @date 2014-6-6
     * @author Cooky
     *
     */
?>
```

图 10-5　文件注释

（3）检查 PHP 代码命名规范

代码的命名直接涉及阅读性和交流性，PHP 程序的命名涉及类、接口、函数、变量等，一般遵循以下命名规范。

1）变量命名。PHP 中的变量是以美元符号后面跟一个变量名组成。变量名区分大小写。一个有效的变量名由字母或下划线开头，不能以数字开头，后面跟任意字母、数字、下划线，不应该在变量中使用中文等非 ASCII 字符。命名以驼峰法命名，以小写字母开始，命名要有意义，如以下例子。

$name　　　代表姓名；

$age　　　代表年龄。

不能有$abcd 这些无意义的命名

2）函数命名。函数命名既要有意义，一看就知道干什么，也要尽量缩写。建议采用动词或动词+形容词或动词+名词的命名方式，例如 showMsg

对于对象成员的访问，需要使用“get”和“set”命名方法，如图 10-6 所示。

```
class ShopCar{
    protected $_quantity;
    public function getQuantity(){
        return $this->$_quantity;
    }
    public function setQuantity($quantity){
        $this->$_quantity = $quantity;
    }
}
```

图 10-6　函数命名规范

3）类和文件命名。类文件都是以“.class.php”为后缀且类文件名只允许用字母，使用大写字母作为词的分隔，其他的字母均使用小写，名字的首字母使用大写，例如AdminIndex.class.php。

配置和函数等其他类库文件之外的文件一般是分别以“.inc.php”和“.php”为后缀，且文件名命名使用小写字母和下划线的方式，多个单词之间以下划线分隔，例如config.inc.php、common.php。

确保文件的命名和调用大小写一致，是由于在类Unix系统上面，对大小写是敏感的。

类名和文件名一致（包括上面说的大小写一致），且类名只允许用字母，例如 UserAction 类的文件命名是 UserAction.class.php， InfoModel 类的文件名是InfoModel.class.php 。

4）习惯和约定。通常变量的命名应该是有意义的，但是在循环体中的临时变量采用“IN 规则”，IN 规则指的是以字母表中 I～N 范围内字母开头的变量默认为整型变量。循环体中一般是整型变量，如图 10-7 所示。

```
<?php
   for ($i=0; $i<10; $i++){
       for ($j=0; $j<9-$i; $j++){
           echo " ";
       }
       for ($k=0; $k<(2*$i+1); $k++){
           echo "`";
       }
       echo "<br/>";
   }
?>
```

图 10-7　循环变量习惯

这个循环体中的$I、$j 这样无意义的变量是允许的，也是普遍能接受的。

按照习惯，同时为了减少变量的长度，在不影响可读性的前提下，习惯对变量进行缩写，常见于函数的参数，例如以下缩写形式。

```
message→msg
string→str
array→arr
password→pwd
import→imp
maximum→max
temporary→temp，tmp
number→num
```

4. 检查数据库设计规范化

一个优质的软件开发项目，除了项目代码需要规范化，也要求数据库的设计是规范化的。

一是看是否拥有大量的窄表，二是看宽表的数量是否足够的少。所谓的宽表就是字段比较多的表，包含的维度层次比较多，造成冗余也比较多，但是利于取数统计；而窄表往往对于OLTP比较合适，符合规范式设计原则。若符合以上两个条件，则可以说明这个数据库的规范化水平还是比较高的。当然这是两个泛泛而谈的指标，为了达到数据库设计规范化的要求，一般需要符合以下要求。

1）设计数据表应尽量避免可为空的列。虽然表中允许空列，但是空字段是一种比较特殊的数据类型。数据库在处理的时候，需要进行特殊的处理。如此的话就会增加数据库处理记录的复杂性。当表中有比较多的空字段时，在同等条件下，数据库处理的性能会降低许多。所以虽然在数据库表设计时，允许表中具有空字段，但是应该尽量避免。若确实需要的话，可以通过一些折中的方式来处理这些空字段，让其对数据库性能的影响降低到最小。 一是通过设置默认值的形式来避免空字段的产生。如在图书管理系统中，对书的简介是允许为空的；在数据库设计的时候，则可以做一些处理，如果管理员没有输入书的简介的时候，把该字段的默认值设置为N/A，以避免空字段的产生。二是一张表中允许为空的列比较多，接近表全部列数的三分之一，而且这些列在大部分情况下都是可有可无的，若数据库管理员遇到这种情况，建议另外建立一张副表，以保存这些列。然后通过关键字把主表跟这张副表关联起来。将数据存储在两个独立的表中使得主表的设计更为简单，同时也能够满足存储空值信息的需要表不应该有重复的值或者列。

2）设计数据表应避免重复的值或者列。如客户关系管理中，客户信息和客户联系人都放在同一张表中，为了解决多个客户联系人的问题，可以设置第一联系人、第一联系人电话，第二联系人、第二联系人电话等，甚至还有第三联系人、第四联系人，那往往还需要加入更多字段，这样的设计不但增加空字段，还需要频繁地更改数据库表结构。很明显这么做是不合理的。所以，在数据库设计的时候要尽量避免这种重复的值或者列的产生。若数据库管理员遇到这种情况，可以改变一下策略。如把客户联系人另外设置一张表，然后通过客户ID把客户联系人ID连接起来。也就是说，尽量将重复的值放置到一张独立的表中进行管理，然后通过视图或者其他手段把这些独立的表联系起来，如图10-8和图10-9所示。

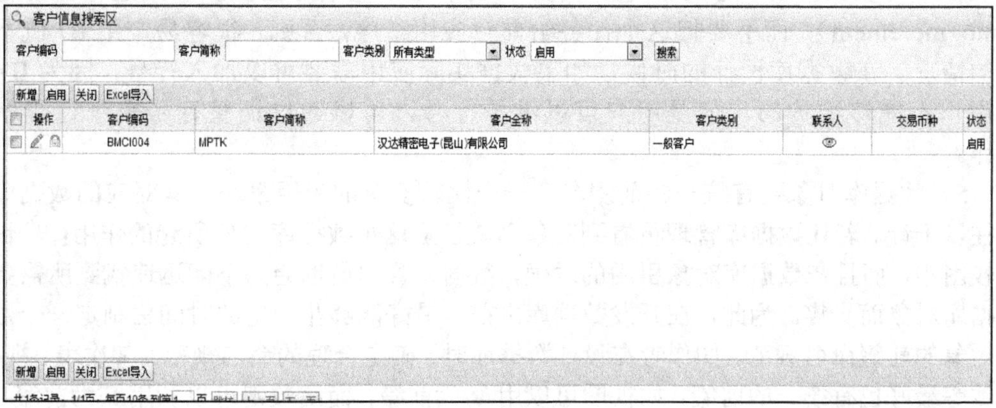

图10-8　关联表结构设计

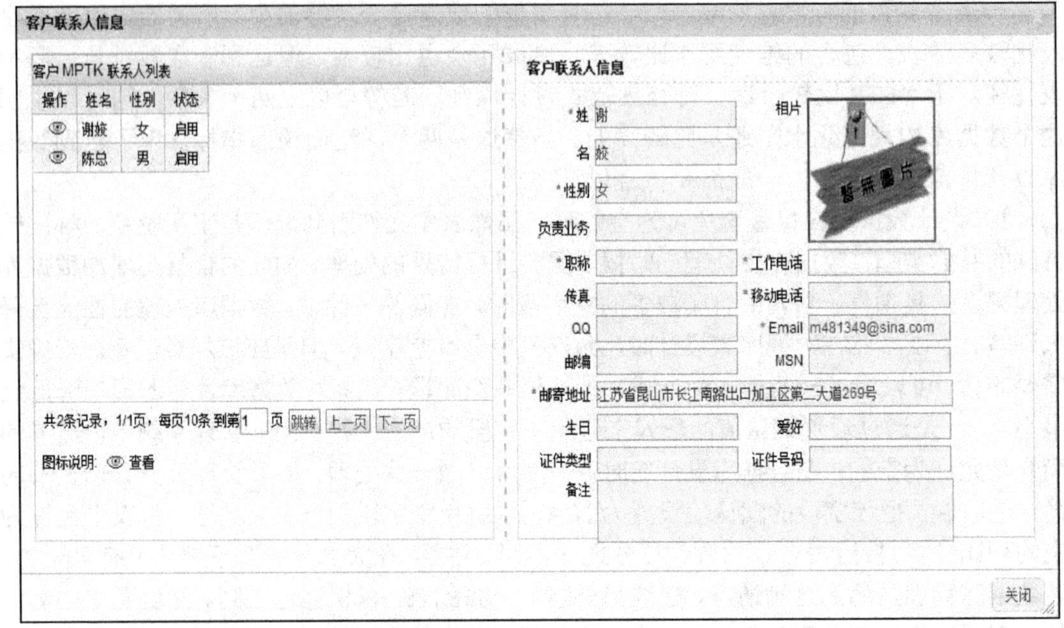

图 10-9　关联字表结构设计

3）避免数据冗余。数据应该尽可能少地冗余，这意味着重复数据应该减少到最少。比如说一个图书管理员的电话不应该被存储在不同的表中，因为这里的电话号码是雇员的一个属性。如果存在过多的冗余数据，这就意味着要占用更多的物理空间，同时也对数据的维护和一致性检查带来了问题。当这个员工的电话号码变化时，冗余数据会导致对多个表的更新动作，如果有一个表不幸被忽略了，那么就可能导致数据的不一致性。

4）数据表中记录应该有一个唯一的标识符，一般采用主键。在数据库表设计的时候，数据库管理员应该养成一个好习惯，用一个 ID 号来唯一地标识行记录，而不要通过名字、编号等字段来对记录进行区分。每个表都应该有一个 ID 列，任何两个记录都不可以共享同一个 ID 值。另外，这个 ID 值最好由数据库来进行自动管理（auto_increment），而不要把这个任务给前台应用程序，否则，很容易产生 ID 值不统一的情况。在数据库设计的时候，如果根据实际应用需要可以加入行号，因为 ID 号是用户不能够维护的，但是用户可以维护行号，可以通过调整行号来进行排序等操作。

5）数据库对象要有统一的前缀名。一个比较复杂的应用系统，其对应的数据库表往往以千计。若让数据库管理员看到对象名就了解这个数据库对象所起的作用，恐怕会比较困难，而且在数据库对象引用的时候，数据库管理员也会为不能迅速找到所需要的数据库对象而头疼。为此，在开发数据库之前，最好能够花一定的时间去制定一个数据库对象的前缀命名规范。如作者在设计数据库时，确定合理的命名规范。其次表、视图、函数等最好也有统一的前缀，如视图可以用 V 为前缀，而函数则可以利用 F 为前缀，这样数据库管理员无论是在日常管理还是对象引用的时候，都能够在最短的时间内找到自己所需要的对象。

6）尽量只存储单一实体类型的数据。这里讲的实体类型跟数据类型不是一回事，要注意区分。实体类型是指所需要描述对象的本身，如现在有一个图书管理系统，有图书基本信息、作者信息两个实体对象，若用户要把这两个实体对象信息放在同一张表中也是可以的。可以把表设计成图书名字、图书作者等，可是如此设计的话，会给后续的维护带来不少的麻烦。当后续有图书出版时，则需要为每次出版的图书增加作者信息，这无疑会增加额外的存储空间，也会增加记录的长度，而且若作者的情况有所改变，如住址改变了以后，则还需要去更改每本书的记录。同时，若这个作者的图书从数据库中全部删除之后，这个作者的信息也就荡然无存了，很明显这不符合数据库设计规范化的需求。遇到这种情况时，建议可以把上面这张表分解成三种独立的表，分别为图书基本信息表、作者基本信息表、图书与作者对应表，如此设计以后，以上遇到的所有问题就都迎刃而解了。

以上六条是在数据库设计时达到规范化水平的基本要求。除了这些以外还有很多细节方面的要求，如数据类型、存储过程等。而且数据库规范往往没有技术方面的严格限制，主要依靠日常工作经验的累积。

子任务二　图书管理系统部署

针对图书管理系统进行功能项测试、业务流程测试、容错测试、安全测试、性能测试、易用性测试、文档测试等，测试完并形成测试报告后，开始将其打包，部署和交付。

项目的打包任务如下。

1. Web 页面的打包

使用 PHP 开发完成的项目的打包和部署相对简单，如果在项目中未使用其他第三方开发库，只需要使用压缩软件如 winRAR，将全部源文件压缩生成一个文件，即可完成项目的打包。以图书管理系统为例，只需将项目中的全部页面程序打包，并重命名为 tsglxt.rar 即可。

2. 数据库备份

```
Mysqldump –user=root   --password=root tsglxt>tsglxt.sql
```

图书管理系统打包包含以下步骤。

1）数据库的部署过程，通常步骤如下。

安装数据库管理程序；建立项目数据库；恢复备份数据库。

2）Web 页面的部署过程，通常步骤如下。

安装 Web 服务器；将项目程序包复制并解压到 Web 服务器的 Web 应用程序目录即可，如 C:\program files\wamp\www 目录。

子任务三 图书管理系统验收

针对图书管理系统进行功能项测试、业务流程测试、容错测试、安全测试、性能测试、易用性测试、性能测试、文档测试等，测试完并形成测试报告后开始验收系统。

1. 验收标准

1）测试用例不通过数的比例< 1.5 %。
2）不存在错误等级为 1 的错误。
3）不存在错误等级为 2 的错误。
4）错误等级为 3 的错误数量≤5。

2. 验收资料

1）软件需求说明书。
2）概要设计说明书。
3）数据及数据库设计要求说明书。
4）操作手册。
5）用户手册。
6）软件接口规范。
7）原代码或安装盘。
8）项目用户评价过程意见。
9）专家组要求的其他材料。

本任务主要讲述了项目的测试，采用 PHPUnit 进行功能项测试，说明了程序代码规范，要求团队开发人员遵守团队约定，形成团队文化；项目完成后打包与部署，PHP 的项目打包和部署较为简单，只要使用压缩文件压缩后，复制、解压即可；最后是项目验收以及验收的标准。

本任务已是最后一个阶段，维护好 Project，项目完成百分比为 100%，所有项目已完成，如图 10-10 所示。

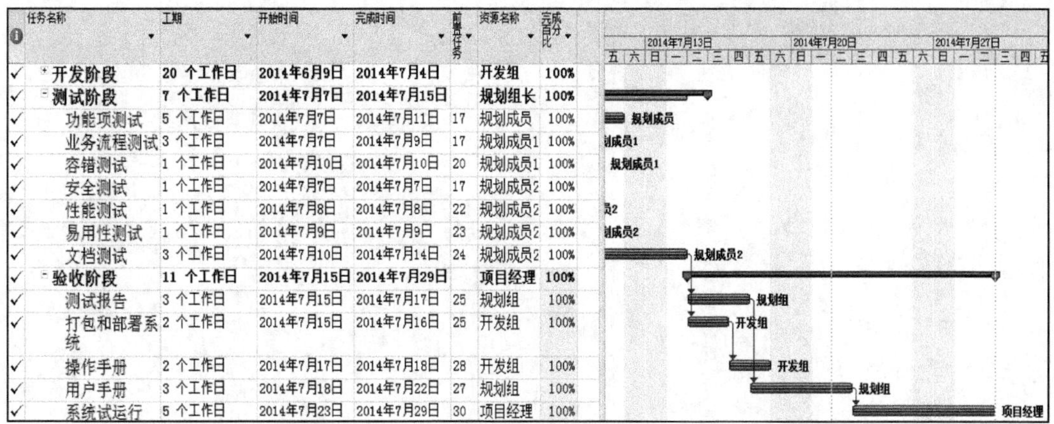

	任务名称	工期	开始时间	完成时间	前置任务	资源名称	完成百分比
✓	**开发阶段**	**20 个工作日**	**2014年6月9日**	**2014年7月4日**		**开发组**	**100%**
✓	**测试阶段**	**7 个工作日**	**2014年7月7日**	**2014年7月15日**		**规划组长**	**100%**
✓	功能项测试	5 个工作日	2014年7月7日	2014年7月11日	17	规划成员	100%
✓	业务流程测试	3 个工作日	2014年7月7日	2014年7月9日	17	规划成员1	100%
✓	容错测试	1 个工作日	2014年7月10日	2014年7月10日	20	规划成员1	100%
✓	安全测试	1 个工作日	2014年7月7日	2014年7月7日	17	规划成员2	100%
✓	性能测试	1 个工作日	2014年7月8日	2014年7月8日	22	规划成员2	100%
✓	易用性测试	1 个工作日	2014年7月9日	2014年7月9日	23	规划成员2	100%
✓	文档测试	3 个工作日	2014年7月10日	2014年7月14日	24	规划成员2	100%
✓	**验收阶段**	**11 个工作日**	**2014年7月15日**	**2014年7月29日**		**项目经理**	**100%**
✓	测试报告	3 个工作日	2014年7月15日	2014年7月17日	25	规划组	100%
✓	打包和部署系统	2 个工作日	2014年7月15日	2014年7月16日	25	开发组	100%
✓	操作手册	2 个工作日	2014年7月17日	2014年7月18日	28	开发组	100%
✓	用户手册	3 个工作日	2014年7月18日	2014年7月22日	27	规划组	100%
✓	系统试运行	5 个工作日	2014年7月23日	2014年7月29日	30	项目经理	100%

图 10-10　项目进度

将本任务的要点填在图 10-11 中。

图 10-11　任务十要点回顾

1）检查你的代码编写习惯是否符合团队约定。

2）将图书管理系统打包并部署。